如何提升运气

好运气是自己给的

张羽

图书在版编目(CIP)数据

如何提升运气：好运气是自己给的/张羽著.
北京：中华工商联合出版社，2024.9. -- ISBN 978-7
-5158-4085-7

Ⅰ.B84-49

中国国家版本馆CIP数据核字第2024TL1338号

如何提升运气：好运气是自己给的

作　　者：	张　羽
出品人：	刘　刚
责任编辑：	胡小英
装帧设计：	小徐书装
责任审读：	付德华
责任印制：	陈德松
出版发行：	中华工商联合出版社有限责任公司
印　　刷：	北京毅峰迅捷印刷有限公司
版　　次：	2024年9月第1版
印　　次：	2025年1月第3次印刷
开　　本：	880mm×1230mm　1/32
字　　数：	128千字
印　　张：	6
书　　号：	ISBN 978－7－5158－4085－7
定　　价：	48.00元

服务热线：010－58301130－0（前台）
销售热线：010－58302977（网店部）
　　　　　010－58302166（门店部）
　　　　　010－58302837（馆配部、新媒体部）
　　　　　010－58302813（团购部）
地址邮编：北京市西城区西环广场A座
　　　　　19—20层，100044
http://www.chgslcbs.cn
投稿热线：010－58302907（总编室）
投稿邮箱：1621239583@qq.com

工商联版图书
版权所有　侵权必究

凡本社图书出现印装质量问题，请与印务部联系。

联系电话：010－58302915

前言 PREFACE

每个人都渴望自己有好运气,然而,世间万物皆有其变化规律,就像春夏秋冬的轮回和昼夜的更替一样,人的运气也是有规律可循的。

多年以来,我一直坚信,人的命运就在自己的掌控之中,当你清晰地知道自己想要什么,而又专注于此时,它就真的会逐渐实现。其实这并没有什么秘密,一切都只是顺其自然。运气,并没有人们想象中的那样秘不可测,只要你掌握了一些关于运气的规律,做出自己的努力,好运气就会来到你的身边,这样就等于控制了自己的命运。

人人都希望自己的一生过得顺风顺水,希望自己出身好、家庭好、学业好、工作好、婚姻幸福、儿女孝顺,等等,但遗憾的是人的一生总会有各种事情无法如你所愿。时间久了,有些人就认为是命运弄人,开始抱怨起来,认为"是自己这辈子命不好"。

但你想过没有，每个人在一生中都会遇到很多不如意的事情，但大多数人还是能把生活过得越来越好。这并不是因为他们的运气有多好，也不是命运专门偏爱他们，而是因为他们知道：一个人的运气好坏其实全是自己给的。

有时我们总是羡慕别人拥有好的运气、成功的事业、温馨的家庭、好的人缘、健康的身体……如果我们羡慕别人，也想拥有别人拥有的东西，那么，我们就应该问一下自己：为什么别人能拥有而我却没有呢？因此，凡事不能只看表面，不能只看得到了什么，也要看付出了多少。一个人想要什么，就要付出什么。如果我们认为自己不会有好运气，那么好运就一定不会来敲门。

不要把自己人生的成败交给命运来做决定，一个人的命运并不是天注定的，我们可以改变自己的命运，因为我们才是自己命运的唯一主人。请一定要记住这一点！这足以影响和改变我们的一生。

我们要始终相信，自己的命运靠自己书写，并不是别人强加的，也不是从出生的那一刻起就注定的，一旦认为命运是天注定的，那么，我们就会在命运面前俯首称臣。

所谓拜神求佛看风水，都只不过是求得一种心理上的安慰罢了。想要走好运，得靠自己去争取。只要我们努力向善、向真、向美，能够包容人、体谅人、让利于人，就会为我们带来满满的好运气。

每个人的好运气都是自己给的，它存在于我们做过的每一件看似不起眼的小事中，存在于我们日复一日地行善中，存在于我们坚持不懈的每一分努力中。不要再抱怨幸运之神还没降临了，我们只管努力就好，一切都会水到渠成。

很多人总是抱怨自己运气不好，认为自己很努力了，但还是一无所获，或者觉得没有好的机会让自己一展才华，所以至今碌碌无为。殊不知，好的运气和幸福的生活都是靠自己争取的，天上不会掉馅饼，我们越努力，才会越接近好运。

很多时候，不是没有好的运气，而是你自己没有努力去争取，所以你才没有拥有它的资本，一个人的好运气，是靠自己慢慢积累起来的。

请相信，人的命运绝对不是天定的，它不是在事先铺设好的轨道上运行的，而是取决于我们自己的努力，既可能变好，也可能变坏。因此，如果我们也想要好运气，想

如何提升运气：好运气是自己给的

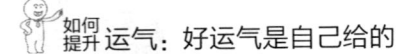

让自己的命运变好，那么就请从今天开始，改变自己的心态，努力为自己去赢取好运气吧，等积累到一定的程度，我们一定会感受到好运的到来。

目录 CONTENTS

第 1 章 做命运的主人

了解命运，才能掌控命运	2
命运到底能不能改变	4
把命运握在自己手中	7
读书改变命运，不是一句空话	11
提升运气的 6 个小方法	14
放下执念，也是一种"转运"	19

第 2 章 心存善念，好运常伴

你的善良里藏着好运气	24
赠人玫瑰，手有余香	28
与人为善，福虽未至，祸已远离	32
运气总是青睐善良的人	36
心存善念者，皆是厚福人	41
所谓好运，都是平日的厚积薄发	45
与善同行，才能遇到幸运天使	49

第3章　成功 = 运气 + 努力

你这么努力，为什么还与成功失之交臂　　54
当好运来临时，要当机立断　　59
瞎努力，比不努力更可怕　　63
只有努力上进，才能把握命运　　67
努力了，总会有好运　　71
爱笑的人运气都不会太差　　75

第4章　掌控财富密码，把握幸福人生

思路决定出路，认知决定财富　　80
提升自己的赚钱能力　　84
会赚钱，也要会"守钱"　　88
如何激活自己的财运　　92
不要贪心，高风险的坚决不碰　　96
善吃亏者，财富不请自来　　99

第5章　家和万事兴

好女人是家庭的福气　　104
夫妻同心，其利断金　　107

家庭和睦，从不吵架开始	111
人到中年，兄弟姐妹之间怎样相处	116
婆媳不和，丈夫该怎么办	120
宽容，让家变得更和谐	124
用赞赏的眼光，去挖掘生活中的美好	128

第6章 好人缘，才有好未来

你为什么总是遇不到"贵人"	134
如何才能出门遇"贵人"	138
跳出圈层，远离负能量的人	142
人生苦短，远离消耗你的人	146
君子和而不同，小人同而不和	150
晴天留人情，雨天好借伞	154

第7章 好身体才能承受好运气

春分，养养你的运气	160
调摄情志，远离亚健康	163
人体与天地的阴阳和谐	167
养生长寿，从早上起床开始	171
天人合一是养生的最高境界	175
养身要动，养神要静	178

第1章
做命运的主人

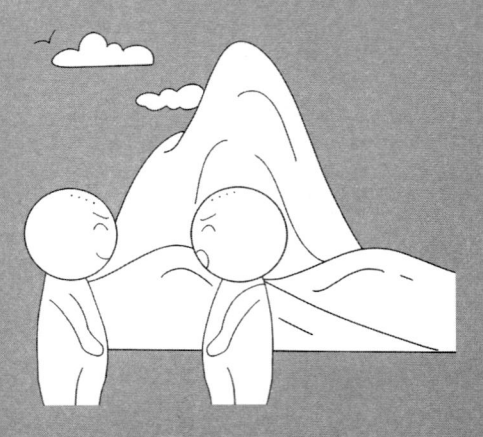

人的命运并不是上天的安排,而在于自己有没有改变命运的想法和行动。一个人能够从贫穷到富裕、从逆境到顺境、从坎坷到坦途,就在于获得了改变命运的想法和行动。

一旦我们愿意去发现、去行动,去改变,哪怕现在很贫穷、很卑微,但我们最终都将成为自己命运的主人。

了解命运，才能掌控命运

人的命运受多种因素的影响。一个人的出身、先天条件以及环境，都是影响命运的重要元素。同样，一个人的精神世界、意志力和主观选择，也决定了一生最终的发展方向。两者互相影响、互为因果。

民间有人认为命运可用天象、占卜等方式来预测，其实命运是不可预知的且存在变化的。人的命运是掌握在自己手中的，只有努力上进，正确判断、选择，才能把握人生的命运。

孔子说："不知命，无以为君子也。"意思是想要成为君子，就必须先懂得天命。人的一辈子，做什么，能拥有多少财富，是一帆风顺还是十磨九难，多数要看命和运。

命为先天之本，是已经定好的。比如你的出生时间、你出生的地域、你的父母是什么样的人，等等，这些都是无法改变的，是上天给你的"基本配置"。命就像是一出生给你画好的框，你能走到哪，能走多远，都会受到它的限制，不是你想改就能改的。

命是先天的，运是后天的，而所有后天的东西，都有改变和成长的空间。一个人一生的运，是流动的，是可以改变的，但如何改变，自己本身才是关键所在。

比如人的选择、人的心性、人的行为、人的性格，这些都是可以随着年纪的增长和阅历的提升而不断改变的；而这些又都决定着人的"运"在不断变化，有吉有凶、有好有坏、有得有失。我们可以把命看成是河道，而运就是河道里的水。河水在河道内流动，但是水流的大小，丰水期还是枯水期，这些都不归河道管。

所以说，人的命运是掌控在自己手中的，我们可以通过自己的努力改变命运。就像海伦·凯勒那样，她出生后又聋又哑，对她来说这是不幸的。可她不认命，没有屈服于上天的安排，而是通过自己的努力，最终成就了自我，实现了自己人生的价值。

如何提升 运气：好运气是自己给的

命运到底能不能改变

贝多芬在给朋友的信中这样写道："我要扼住命运的咽喉，它休想使我屈服。"由此，开始了向悲惨命运的极限挑战。

世界著名作曲家贝多芬出生在德国一间简陋的小屋里。他家的生活一直都很贫困，然而他却拥有极高的音乐天赋，12岁就能独自作曲，14岁就参加乐团演出，以此来赚取工资补助家庭。就在他以为生活就这样平淡地过下去的时候，17岁时，他的母亲去世了，使本来就贫困的家庭雪上加霜。

不久之后，贝多芬又得了伤寒和天花。尽管如此，贝多芬还是硬挺过来了。然而命运似乎并没有放弃对贝多芬的捉弄，让他又患上了耳疾。一开始，贝多芬极力掩饰着因耳聋造成的反应迟钝，希望不被别人发现从而继续自己的音乐之路，因此他谢绝了一切社交活动。但是疾病的魔爪仍然没有放过他，他的两只耳朵完全失聪了。严酷的打击对每一个做音乐的人来说都无疑是灭顶之灾，命运给了贝多芬超凡的音乐才华，然而却剥夺了他倾听的能力。这位年轻的音乐家知道事实已经无法掩饰了，就隐居到了维也纳的郊外。

命运的戏弄使这位年轻的音乐家痛苦万分，甚至想到过自杀，但最终他没有让自己消沉下去，而是重新站了起来。他曾经对朋友说过："是艺术，只是艺术挽留住了我。在我尚未把我的使命全部完成之前，我不能离开这个世界。"生命之中的严寒，并没有摧毁贝多芬的意志，反而让他发现了生命的真正意义。

贝多芬丧失了全部的听力后，他开始了与命运的艰苦博弈，恰恰这一段时期是他一生中创作最旺盛、成就最辉煌的时候，像《命运交响曲》等众多可以震撼到听者心灵的音乐正是他在耳聋之后创作的。在那段令人不可想象的时间里，贝多芬没有屈服于耳聋带来的不便，他放弃了用耳朵去聆听，而是学会了用心灵去吟唱，他与音乐之间展开了一次次心灵上的对话，他的《第九交响曲》成了世界上任何一个人都听得懂的语言。这就是贝多芬，一个以惊人的毅力与命运抗争的音乐巨匠。

贝多芬的遭遇可以说是不幸的，对于一位天才音乐家来说，失去听觉意味着什么，他比谁都清楚。可是他没有屈从于命运的安排，而是用心与音乐交流，通过自己的不懈努力，付出无数的汗水和心血，终于成功地扼住了命运的咽喉。

生命的华章是人用自己的双手一点点谱写的。我们可以随意挥霍生命，但命运也会给我们带来相应的惩罚。相反，如果我们把握住了生命的节奏，就会得到命运的青睐。

有一句歌词：三分天注定，七分靠打拼。所以我们能做的就是认清自己的命，打拼自己的运，去努力调整我们自己的认知、性格、习性，把影响命运的因素一点点地修正好，如此命运自然就会往好的方向去改变了。

把命运握在自己手中

莎士比亚曾经说过：人们可支配自己的命运，若我们受制于人，那错就不在命运，而在我们自己。

从考古发掘的甲骨卜辞、彝器铭文中经常能见到"受命于天"等刻辞，这说明早在殷商时期，天命观就已经印在人们的头脑里了，而命运之说，在中国古代哲学中也经常被提起。

人们喜欢将自己的人生与命运联系起来，喜欢将自己的一切交给命运。人们习惯于将恋人间的分手赖在命运的安排上，习惯于将人生的失败归结于命运的捉弄，更习惯于将所有的不幸原因都归结给命运。但是，又有多少人真正认识到命运其实就是紧握在自己手中的转盘，它需要由我们来推动而不是让我们随之前行的。这就像伏尔泰所说的："没有所谓命运这个东西，一切无非是考验、惩罚或补偿。"

我们常说，人的命天注定。确实，每一个人的生命都是父母给的，我们无法选择谁来做我们的父母，也无法选择出生在什么样的家庭，无论是贫穷还是富有。我们无法选择自己的命，但今后的人生却是我们自己可以掌控和规划的。

伊尹是古代的名相。伊尹出生在伊水河畔，是一个弃婴，一位采桑女在草丛中发现了他，就把他带回去献给有莘王，有莘王便让一个厨师负责抚养，因为这个小孩是在伊水边被发现的，所以大家就叫他伊。伊渐渐长大了，就在厨房帮忙干活。

伊自幼聪慧好学，勤奋上进，不仅掌握了厨艺技能，还喜欢关注天下大势以及为政之道，梦想着有朝一日为国尽力。后来，商汤娶有莘王的女儿，伊作为陪嫁奴隶来到了商族部落，成为商汤的厨师。

有一天，伊带着饭锅菜板来见成汤，借着谈论烹调美味的机会向商汤进言，说治理国家如同做菜（治大国如烹小鲜），既不能操之过急，也不能松弛懈怠……伊的一席话，使商汤大为震惊，他没想到，一个小小的厨子，不仅菜烧得好吃，还懂得治国之道。商汤心里非常高兴，当即免除了他奴隶的身份，委任他管理国政。从此，伊成了商汤身边重要的谋臣。后来他辅佐商汤灭夏建商，被封为"尹"（宰相的意思），尊称为伊尹。

商汤去世之后，由于他的大儿子太丁早亡，就让太丁的弟弟外丙继位，外丙即位三年就去世了，又让外丙的弟弟中壬继位，中壬继位四年后去世，伊尹就辅佐太丁的大儿子太甲继位。太甲去世后，沃丁继续拜伊尹为相，但伊尹年事已高，辞去了官职，回归故里。

伊尹一共辅佐过五位商朝君王，是中国历史上有名的贤相，后人尊称他为元圣人。

世事多如此。有的人出身贫困家世不好，但有股不认输的精神，后来通过自己不断的努力，改变心态，修正行为，好运渐渐就来了。也有一些生在富贵之家、含着金钥匙出生的人，由于心术不正，好运也逐渐变成厄运，最后走上不归路。

所谓命运，即宿命和运气。命为定数，指某个特定对象；运为变数，指时空转化。命与运组合在一起，即是某个特定对象时空转化的过程。一个人的运来了，命也会随之发生改变。

因此，命运不是一个可以决定我们未来的主宰者，更不是一个可以给我们任何指引的先知。相反，命运应该是我们手中的画笔，一支可以随心所欲幻化梦想的人生之笔。我们应该学会掌控命运，让它成为我们真正的朋友……

读书改变命运，不是一句空话

在这个时代，我依然坚信，没有生在大富大贵的人家，更要坚信读书能改变命运。读书带来的是视野，是知识，是人脉，是逆袭。学习虽苦，但不学习，将来只会更苦！

人的一生中有三次改变命运的机会，第一次是出生，第二次是读书，第三次是婚姻。在这三次机会中，出生在什么样的家庭是命中注定，拥有什么样的婚姻则要看缘分，唯有读书这件事，掌握在我们自己的手里。

读书改变命运，最重要的代表莫过于高考。作为中国目前最公平的考试制度，高考能让每一个人在有限的资源里靠努力来选择自己的人生道路，而这样的机会，一生可能就只有一次。

华为招聘年薪百万的"天才少年"，无疑是对读书改变命运最有力的诠释，这就是知识的力量。很多人可能一辈子才能赚到一百万元，而有知识的人或许一两年就可以获得别人一辈子的财富。

所以，对于普通家庭的孩子来说，读书学习依然是跨越阶层最有效、最快捷的方法，读书之后我们会接触到五湖四海的人，会不断拓宽自己的视野，锻炼自己的社交能力，这些同学校友反过来又可能成为我们人生的助力。除了拥有更多的机会之外，它还会让我们更容易看清趋势，在趋势来临之前做好准备，其他人可能会依靠经验抓住一次机会，但知识武装头脑的我们可以一次一次地发现并抓住趋势，这才是我们可以超越他人的关键所在。

我的一位朋友，甘肃人，出生在一个土生土长的农村家庭，家里就靠着种几亩薄地生活，20 世纪 90 年代末的时候，还没解决温饱。家里能力有限，勉强供他上完了初中，准备让他南下打工，他不愿意，在家门口默默啜泣。当时我正好在那做实践课，见状就与他聊了起来。进到他家的时候，说实话挺让我惊讶的，一间只有 20 平方米的小屋，却用木头造了一整面墙的"书架"，里面放的全是书。一看就知道，这孩子天生就是学习的料。

我告诉他的父母，无论如何都要让他继续读书，并拿出了我身上所有的现金。出于心疼孩子，他的父母最终选择让他继续读书。后来他考到了北京的一所985院校，四年大学时间，不仅学完了原本的专业，还自学了法律和金融。

毕业后他被一家外企录用，随后，他又用了五年的时间，一边工作，一边学习，完成了硕博连读，如今，已经被华为挖走，年薪超百万。

培根说："读书不是为了雄辩和驳斥，也不是为了轻信和盲从，而是为了思考和权衡。"知识能够丰富我们，增长我们的阅历，学习可以使人变得智慧，让人更加清晰地判断自己的得与失、对与错。书读多了，就会与周围的人有不同的认知；书读多了，所懂的道理也就多了。

读书改变命运，知识改变人生。即使我们出生于贫穷的家庭环境，只要不放弃对读书的执着，也能改变自己的命运。那些从书中获取的知识，终将改变我们的人生。正如俗话所说："书中自有黄金屋，书中自有颜如玉。"没错！田要细耕，书要精读，只有读书，才能获得知识，有了知识才能干一番事业。

提升运气的 6 个小方法

人有冲天之志,非运不可自通,几千年来,老祖宗早已用自己的亲身经历告诉我们,人确实需要点运气。

什么是运气?就是事物发展的趋势。这种趋势看不见摸不着,但我们的身体却能感受到。比如,当一个人开始走好运了,身体就会特别轻快,心里特别亮堂,脑子特别清醒;相反,当一个人遇到了坏运,就会有胸口压着一块大石头的沉重感,像有团火在烧的烦躁感,做什么都没劲的无力感……

运气又分为偶然的和必然的。偶然的运气是指没怎么费力气,上天给的;必然的运气是通过努力争取到的,而且还是可以调整的。这里给大家总结了几个提升运气的小方法。

1. 随喜赞叹，好好说话

语言是有能量的，运气差时不要唉声叹气，否则那些沉重的、焦虑的情绪会影响周边的磁场。

现实往往是，你想什么不一定能得到，但是你怕什么它就会来什么，所以要多说吉言吉语，比如"我太厉害了""我今天真好看""没问题，小意思""没关系，我还可以重新再来""我还有无限可能"，等等。

前段时间，我曾与一位小伙子聊天。这小伙人见人爱，跟谁共事都不差，原生家庭也很幸福，从小到大没听父母说过气话狠话，甚至他一度以为别人的家庭也是这样子的。

妈妈打碎了碗，爸爸不会说"你怎么连这点小事都做不好"，而是说"碎碎平安，人没伤到就行"；爸爸开车走错路，妈妈也不会埋怨耽误了时间，而是说"正好咱们可以看看别的风景"。

由于耳濡目染，让他也学会了从不说丧气话，遇到困难时，嘴里就会条件反射般地说"我能行""没什么大不了的"。

往往这么一说时，连带着信心也足了，让他也成长得比同龄人更加落落大方，男生女生都喜欢与他交朋友，在大学这个小社会里，他可谓是左右逢源，处理起事情来游刃有余。

人是群居动物，难免与人打交道，平时生活中，多说好话吉祥话，好好与人说话，真能避免很多麻烦。好好说话，也许不能帮我们解决所有问题，但它一定能减少发生不幸的概率。

2. 转变心态，变消极为积极

当我们越感觉运气差的时候，越要多修边幅，不能任由自己邋里邋遢。要注意口腔卫生，勤剪指甲，把全身藏污纳垢的地方清理干净，这些都是脏气浊气。清理干净了，你再走出去就会更有自信，别人对你的印象也会加分，连带着做事的成功率也会增加，运气自然就会变好了。

除此之外，不妨尝试下不一样的穿衣风格，做个新造型，换个新形象，改头换面一下，新面貌会带来好心情，新面貌会带来新气象。

3. 改变周围的磁场

一定要有意识地避开消耗你的人和事，多和正能量的人接触，远离负能量的人；跳出当前的环境，去阳光充足的地方，到活泼热闹的人群中，学习他们的生活方式。抱怨只会换来更多的不容易，乐观则会为你带来更多积极的东西和意想不到的好运。

4. 学会相信

相信已经拥有的一定是最适合自己的，相信已成定局的一定是对自己来说最佳的，要看到已经握在手中的，并珍惜它，而不是看到未曾拥有的而感到焦虑。相信自己的每一次选择都是最好的，就一定会越来越好。

5. 学会"呼吸"

烦恼、忧愁的本质是一种郁气在心中的积压，积压得越多心情就越差，但我们不能因为是烦恼、忧愁，就不去接受，就选择逃避。

如果觉得被烦恼压得喘不过气的时候，不妨连续深呼吸，吸气时心里默念"一二三四五六七八"，呼气时念"八七六五四三二一"。一天多练几次，坚持下去，心情必然会有改善！"心里一块石头落了地""长长地舒一口气"，其实道理往往都藏在这些耳熟能详的话语里。

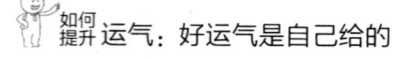

6. 养好自己的气色

《冰鉴》中说:"面部如命,气色如运。"当一个人气色好的时候,脸上会有光,浑身阳气充盈,看上去神清气爽,面色还会显白,留给别人的印象是整个人是发光发亮的。装扮得体、气色宜人的人,不但别人看着赏心悦目,也会给自己带来正能量,由此产生一种好的精神磁场围绕在你四周,遇到的人和事也就都是好的了。

既然好运气可以体现在气色上,那么我们可以在一定程度上反推回去,"人造"好气色,例如美容、养生、早睡早起,同样可以起到增运的作用。

放下执念，也是一种"转运"

当我们看事情的角度变了，心态就会有所变化，处理事情的方法也会跟着变化，自然地，结果也会有所不同。好的念头吸引好的磁场，好的磁场产生好的能量，能量好了，运气自然而然也会跟着好起来。

世间万物都是不断变化的，了解事物变化的法则并跟着它去变化，就能很好地与变化的世界相适应，做到以变应变。

我们也可以把这个"变"理解为"转"，"变化"就是"转念"，即转变你的执念，人生的方向立刻调整了，有时转念就是转运。

比如你刚刚喝咖啡，不小心洒了一身，正常的话第一个想法就是衣服脏了、咖啡白买了，这时你就要转念，可以这样想：衣服脏了，一会儿去逛逛商场，说不准会买到特别喜欢价格又好的衣服呢；洒了也没什么，咖啡喝多了对身体不好；万一我喝了这杯咖啡，晚上睡不着，导致明天没精神呢……

不要去管你想的这些事会不会真的发生，就只管想，使劲想，不要长期把焦点注意在那些使你担心害怕的地方……慢慢地，培养自己从不同的角度看问题。

前几天，一位朋友发来消息，说是喜事将近，要给我寄喜糖。

说起这位朋友，我的印象还是挺深刻的，当时她来我的店里聊天，精神状态很差。

她在上大学的时候是班长，喜欢上了同年级的一个男生，两人交往三年后，因为男方出轨而分手了。

当时她生了一场大病，被救护车拉走，把学校都惊动了。出院后她多次找到男生求复合，对方都没有答应。而她这个人非常重情，把爱情放在第一位，且对爱情特别理想化，一旦恋爱就很执着，往往被情所伤。

后来大家毕业了，各奔东西，但她因为在这段感情中用情太深，始终走不出来，经常给对方打电话、发信息……自己的状态越来越差，导致无法正常工作，健康也出现了问题，天天都在被这段感情消耗，甚至萌生了自杀的念头……

听完她的讲述，我只能不断地安慰她，让她尝试着去放下一些东西。离开时，我们相互加了微信，与她的聊天断断续续持续了一年的时间，终于收到了她要结婚的好消息，听着她热情洋溢的声音，我是真心替她高兴。

她的结婚对象是她的大学同学，原来一直暗恋她，在她痛苦失意的时候，是他一直陪在她身边。现在想想，如果当初自己不是那么执念，能多看看身边的人，也许现在孩子都能打酱油了……

其实在感情的因果里，你如何对待他人，也一定会遇到一个人以相同的方式回馈于你。

所以，那些过多消耗别人感情的人，最终也会被别人消耗，终难幸福。而那些真心付出的人，也终能遇见一个待她如初的人。所以，客观慈悲地对待他人的感情，受益者永远是我们自己。

当然，对于那些可能真的无法放下一些东西、无法走出一段感情的朋友来说，也不要着急，这受伤的心，都是慢慢在恢复的。

平时心情不好、情绪烦躁、失眠的时候，或者有重大的、重要的事情要去做之前，不妨静下心来，人的心一旦能静下来，就是转运的开始。

第 2 章
心存善念，好运常伴

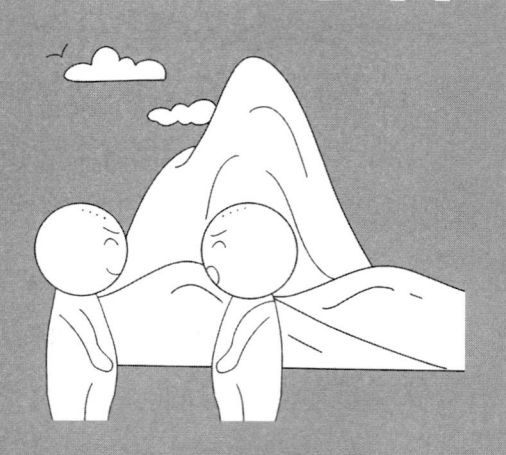

老话常说，种瓜得瓜，种豆得豆，种下善因，则会收获善果。心地善良的人，待人处世豁达，心态坦然，内心简单，很容易满足，亦懂得感恩，好运往往会眷顾这样的人。

如何提升运气：好运气是自己给的

你的善良里藏着好运气

人生就像一场戏，如果命运是世上最烂的编剧，那我们就要争取做最好的演员。

善良，并不是一种交易，而是一场轮回。你付出的一切善意，总有一天会折回到自己身上。正所谓爱出者爱返，福往者福来。

人的一生，心存善念，好运必来。一个人如果时时行善举、事事有善心，必然也会获得别人同样善意的回报。

有不少朋友经常问我：自己经常照顾小区里的流浪猫、流浪狗，怎么生活还是特别不顺呢？不是说多做好事就会有福报吗？

这里我想对大家说，只行好事，莫问前程，剩下的就交给上天吧。对于做好事，大家一直存在一个误区，就是只要自己付出了、做好事了，就一定能得到回报。其实，做任何好事之前，如果总是想着自己的回报，这种心态下做出来的好事，是没有什么福报的，你求回报，在意回报，抱怨为什么没有回报，这些都不是出于善心，而是功利心，就像是在做买卖一样。

如果我们是发自真心的，就是想要照顾弱小，不管别人知不知道、这事有没有好处，我们都愿意去做，那这样的善心才是一个有能量的善心，久而久之，所得到的福报，才是真真切切的。

《警世通言》中有这样一个故事。

古时候有一对夫妇，他们的儿子在一次灯会上被人贩子拐走了。夫妻俩在城中四处寻找，也未能找到儿子。只好扩大寻找范围，夫妻俩带上盘缠到了外地。他们找了好多地方，也没有打探到儿子的下落。眼看着身上的盘缠快用完了，夫妻俩只得沿途做些小生意贴补路费，日子过得十分艰难。

一天，夫妻俩在厕所旁捡到一个包袱，里面装有沉甸甸的二百两白银。夫妻俩虽贫困，却知不义之财不可取，便在厕所边等待，最终物归原主。失主感激不尽，热情邀请夫妻俩去家中做客，好酒好饭款待，还想赠送一些财物作为酬谢。夫妻俩不肯接受，失主见其人品可贵，便问他们可有儿子,想与他们攀一门儿女亲家。

　　提起伤心事,夫妻俩感慨万分,便将孩子怎么走失、这些年外出寻子的经过一一告知对方。失主深表同情,表示愿将自家小厮送给夫妻俩,充作养子侍奉左右。谁承想老天有眼,失主送给夫妻俩的这名小厮,正是被人贩子拐卖的儿子。

　　我们一生都在追求平安幸福,甚至有的人求神拜佛,想要得到上天的帮助。其实福报不在别人,也不在别处,而在自己的修行。一个人的心若能真正地感知万物、慈悲万物,才能招来实实在在的好运和福报。

　　做好事积累运气、福报,就是通过善念来修自己的心,修一颗能体察万物、慈悲柔软的心,通过善心来支配自己的善行。

　　或许有的人会说,要修这样的心是需要钱来支撑的,哪怕是喂流浪猫狗,我也得有钱啊,所以要等我先赚足了钱,再来修心。对此,我只能说:朋友,你的顺序恰恰反了。

　　确实,钱能解决我们生活中大部分的问题,所有外在的物质,其实都是我们内心的一种显现。如果我们的心有漏洞,无论钱也好,爱也罢,都是存不住的,更别说好运气了。

很多时候，令人艳羡的好运气，其实都是因为自己不经意的一次善举所得到的回报。所以说，人生在世，心存善念，即是福源。唯有端正自己的行为，多行善举，多存善念，人生的福田才能开出灿烂的花朵，经久不衰。

如何提升运气：好运气是自己给的

赠人玫瑰，手有余香

赠人玫瑰手有余香，帮助别人，就等于是在帮助自己！人们常说"有心栽花花不开，无心插柳柳成荫"，有时我们孜孜以求的往往得不到，但也许无意间一个善意的行为，却可能为我们带来意想不到的好运！

我们常说善有善报，恶有恶报。有时做好事并不图别人报恩，只是良心使然，觉得这是应该做的，也正是因为我们的善良，经常做好事，天长日久，必然会获得某些回报。因此，在我们的人生道路上，应多一份善念，少一点恶行，说不准什么时候幸运之神就会降临到我们身上。

19世纪90年代，在苏格兰有一位名叫弗莱明的农夫，他心地善良，非常乐于助人。有一天，他正在田里干活，忽然听到附近的沼泽地里传来了一阵哭喊求救的声音，弗莱明闻声跑了过去。他看到一个小孩正在沼泽里挣扎，无力自拔，愈陷愈深。

弗莱明赶紧将锄头的另一端伸了过去，把小男孩拖出了沼泽地。在弗莱明看来，这只是举手之劳，他并没有把这事放在心上。

然而，几天以后，一辆华丽的马车停在了弗莱明家的门口，一位彬彬有礼的绅士走下马车，来到弗莱明的面前说，自己就是那个被救小男孩的父亲，这次是专程前来道谢的。绅士看到弗莱明家十分贫困，于是他打算给弗莱明一大笔钱，以示感激之情。然而，善良的弗莱明坚持不收，而且还一再申明："我不是想要你的钱，才救你孩子的。"

正当他们互相推让之际，一个小男孩从外面走进了屋子，绅士看见后问道："这是您的儿子吗？"

弗莱明点点头说："是的，这是我的小儿子。"

绅士接着说："那这样吧，既然您不愿意收钱，我也就不勉强了。但是，您毕竟是救了我儿子，不如让我也为你的儿子尽点力。如果您愿意的话，我打算资助您儿子接受良好的教育，假如这个孩子也像您一样善良，那么，他将来一定会成为一位令您感到骄傲的人。"

想想自己家徒四壁，再看看这位非常有诚意的绅士，为孩子的将来考虑，弗莱明便答应了绅士的提议。而绅士也是说到做到，从小学到大学一直供这个孩子读书，直到他从医学院毕业。这个孩子果然很争气，凭着自己的勤奋与努力，在1928年首次发明了举世闻名的青霉素，成为英国著名的细菌学家，他就是亚历山大·弗莱明。

俗语常说：无巧不成书。半个世纪以后，被农夫弗莱明救起的绅士的儿子，在一次出国回来时，不幸感染了肺炎，在医术并不发达的当时，肺炎是难以治愈的疾病，好多医生都束手无策，绅士儿子的病情不断恶化，正在这生死攸关之际，亚历山大·弗莱明教授赶紧带上青霉素，来到绅士儿子的身旁。

经过医生的精心治疗，绅士儿子的疾病终于痊愈了。而这位被弗莱明父子先后两次搭救生命的不是别人，正是英国著名的政治家丘吉尔爵士。后来，丘吉尔为了答谢弗莱明教授，特地登门拜访，并且，还真诚地对他说道："你们一家人救了我两次，给了我两次生命啊！"

弗莱明教授回答说："不，第一次是我父亲救了您，而这一次不是我救了您，应该说是您父亲救了您！"

也许，谁都不可能料到，一位农夫救起一个素不相识的孩子，竟然会对自己的人生产生如此重大的影响，他自己的儿子因此获得了接受高等教育的机会，并且发明了青霉素，为推动现代医学的发展作出了杰出的贡献。

如果没有农夫当初的那一次善意之举，又怎么可能有后来这两位年轻人的辉煌成就呢？因此，这个真实故事里的因果报应，是偶然之中的必然，而农夫这种不求回报的善举，是最值得我们每个人学习的。

在人生的旅途中，不妨做一个乐于助人的人，因为福报不在一时一事，也可能会发生在子孙身上。

与人为善，福虽未至，祸已远离

善是人的本性，福是善的回报。在生活中，善良就是我们留给自己的退路；只有人心向善，才能远离祸事。人生一世，福祸无常，愿每一个人都能但行好事，莫问前程。

老话常说，种瓜得瓜，种豆得豆，种下善因，则会收获善果。心地善良的人，待人处事豁达，心态坦然，内心简单，很容易满足，亦懂得感恩，好运往往会眷顾这样的人，周围的人也都喜欢与其深交。一个人如果时时行善举，事事存善心，那他必然也会获得别人同样善意的回报。

古时候有一位姓尤的老翁，开了间典当铺。有一年年底，尤老翁正在店铺盘账，忽然听见外面柜台处有争吵声，就赶忙走了出来，看是怎么回事。

原来是附近穷困潦倒的街坊赵老头与伙计争吵。尤老翁一向谨守低调做人、和气生财的信条，先将伙计训斥一顿，然后再好言向赵老头赔不是。但赵老头仍板着脸不见一丝和缓之色，靠在一边柜台上一句话也不说。挨了训斥的伙计悄声向尤老翁诉苦："老爷，这个赵老头蛮不讲理。他前些日子当了衣服，现在，他说过年要穿，一定要取回去，可是他又不给当衣服的钱。我刚要解释，他就破口大骂。这事不怪我呀。"

尤老翁点点头，打发这个伙计去照料别的生意，自己过去请赵老头到桌边坐下，语气恳切地对他说："老人家，我知道你的来意，过年了，总想有身体面点的衣服穿。这是小事一桩，大家是抬头不见低头见的熟人，什么事都好商量，何必与伙计一般见识呢？你老就消消气吧。"尤老翁不等赵老头开口辩解，马上吩咐另一个伙计查一下账，从赵老头典当的衣物中找四五件冬衣来。然后，尤老翁指着这几件衣服说："这件棉袍是冬天不可缺少的衣服，这件罩袍你拜年时用得着，这三件棉衣孩子们也是要穿的。这些你先拿回去吧，其余的衣物不是急用的，可以先放在这里。"赵老头似乎并不领情，拿起衣服，连个招呼都不打，就急匆匆地走了。尤老翁并不在意，含笑拱手将赵老头送出大门。

没想到，当天夜里赵老头竟然死在另一家当铺店里。其家人乘机控告那位当铺老板逼死了赵老头，与他打了好久的官司。最后，那位当铺老板只好赔了一笔银子才将此事平息。

原来赵老头因为负债累累，家产典当一空后走投无路，就预先服了毒，来到尤老翁的当铺吵闹寻事，想以死来敲诈钱财。没想到尤老翁一向与人为善，明显吃亏也不与他计较，赵老头觉得这样做愧对自己的良心，于是就在毒性发作之前又选择了另外一家。

事后，有人就问尤老翁是怎么知道赵老头以死来讹钱的，尤老翁说："我并没有想到赵老头会走这条绝路。我只是根据常理推测，若是有人无理取闹，那他必然有所凭仗。在我当伙计的时候，我爹就常对我说，要多存善心、常行善事，天大的事，忍一忍也就过去了。如果我们在小事情上不忍让，那么很可能就会变成大的灾祸。"的确，尤老翁因自己的善行，躲过了一场灾祸。

《菜根谭》中讲："祸不可避，去杀机以为远祸之方而已。"就是说当所谓的灾祸袭来之际，人是无法躲避开的，唯一的方法就是在灾祸还没有到来之前，时时注意如何避免种下灾祸的种子。其中最为关键的，就是能在平时消除他人怨恨的念头，积怨既消，自然就会离灾祸较远了。

有时候，存善心、行善事不仅是一种境界，还是一种智谋。看看我们周围那些经常存善心、行善事的人，往往都是一生平安幸福坦然。而那些恶毒刻薄的人，就容易在是非纷争中斤斤计较，这种人往往会被眼前的"利益"蒙蔽双眼，做出一些违背社会良知的事情，势必要遭受更大的灾难，最终失去的反而更多。

如何提升 运气：好运气是自己给的

运气总是青睐善良的人

世间的一切，皆是因果，种下什么样的因，就会得到什么样的果。善良的人，总是乐于帮助那些深陷困顿的人。很多时候，这种善心、善念、善行在无形之中会带来让人意想不到的东西，从而改变我们的命运，使我们获得更加美好的人生。

善有善报，或许今天，或许明天，或许在将来，终有一天会收获回报。美国伟大的思想家、文学家爱默生曾经说过："人生最美好的一项补偿就是——凡事诚心诚意帮助别人，最终自己也一定会受益。"而现实生活中，那些善良的人，也总能获得一些意外的收获，如经常助人为乐者，都能获得一份属于自己的快乐；与人为善者，都能获得无限的人脉，进而为自己的事业添砖加瓦；宽容竞争对手者，都能获得一份可贵的友谊。这些都是善有善报最好的证明。

有这样一个故事,讲的是一个周末的傍晚,一位贫穷的小男孩,正在为攒自己的学费而挨家挨户地推销商品。他劳累了一天,此时又饿又渴,但他摸遍了全身,只有一角钱。终于,他鼓起勇气决定向附近的一户人家讨口饭吃。

当他来到一户人家的大门口时,他用颤抖的手敲了敲门。不一会儿,一位小姑娘把门打开了一个缝隙,看着与自己年龄相仿的小女孩,小男孩有点不知所措了。

最后,这位小男孩没有要吃的,而是说自己口渴了,想找点水喝。小女孩看着小男孩窘迫的样子,便进屋拿来了一大杯牛奶给他,男孩喝完牛奶后,忐忑地问道:"我应该付多少钱?"

小女孩笑着回答道:"一分钱也不用付。妈妈经常教导我们,施以爱心,不图回报。"

小男孩由衷地感谢后就离开了。此时,他不仅感到浑身是劲,而且还看到上帝正朝着他微笑。一瞬间,饥饿消失得无影无踪,他好像全身充满了力量,又自信满满地继续推销商品。那种男子汉的豪气像山洪一样爆发出来,原本打算退学的念头也随之消失了,他觉得作为一个男人,决不能被眼前的困难打倒，并且，唯有不断地求知，才能获得进步，才能回报那些善良的人。

多年以后，那位善良的小女孩患上了一种罕见病，当地的医生都束手无策。最后，家人只好把她带到大城市去医治。而当年的那个男孩，如今已经是大名鼎鼎的医生了。在一次会诊时，他看到了病人的病历，一个奇怪的念头霎时间闪过他的脑际，他马上起身直奔病房。

来到病房后，男孩一眼就认出了床上的病人，正是当初给自己牛奶喝的那位小女孩。终于，经过他的不懈努力，女孩的手术非常成功。

两周后，到了女孩出院的日子，值班护士将医药费通知单送到女孩手中。

她简直不敢睁开眼睛看，因为她清楚地知道，这次的医药费绝对是她的家庭所承担不起的。最后她还是鼓起勇气，翻开了医药费通知单，通知单旁边写着一行小字，她不禁轻声地读了出来："一满杯牛奶等值所有的医药费。主治医生！"

我们不可否认，善良是一个美好的词汇，但凡与这个词沾边的人，都能获得好运：如果恋人得到了这个词，便能轻易虏获对方的芳心；如果商人得到了这个词，便能吸引更多的客户；如果领导得到了这个词，便能获得更多下属的支持。由此不难看出，倘若我们常把善良放在心中，那么，自然也能够让我们好运连连。这也就是我们经常说的善有善报了！

然而，在现实的生活中，当我们帮助别人以后，总会有意或是无意地想从别人那里得到点什么，尤其是在帮助身边的人时，他们往往认为：我这次帮你倒了垃圾，你下次就该帮我打扫教室；我上周帮你照顾了一天的孩子，下周你家的车就得借我一次。每当出现这种情况时，就说明我们的善心还不真诚，带有一定的功利性。

其实，当我们悄悄地为别人做好事时，自己的善行早已被别人看在了眼里，而在无形之中为自己立下了良好的口碑。倘若我们刻意去期待他人的回报，那么，在他人看来，我们的善行反而只是换取"人情"的筹码，不但显得不够真诚，还无法实现打造良好人际关系的初衷。

因此，既然要付出，就单纯地去做，而不要在乎什么回报，我们真正得到的最有意义的回报，就是这种无私奉献的精神。在我们的人生之中，应该多试着真心真意地去帮助别人，而非总是有意无意地去想"我将会得到怎样的回报"。要知道，唯有当你真心实意地去帮助别人，而不

如何提升 运气：好运气是自己给的

在乎自己所帮的人是否会给你回报时，才能收获人生中最宝贵的财富——快乐！

心存善念者，皆是厚福人

人一生的好运，往往来自我们平时积攒下的善良。为了获得更多的好运，我们应该从做一个善良的人开始，用一双温柔的眼睛看世界，用一颗温暖的心生活。

"善有善报，恶有恶报"，我们能从这句话中体会出人生的各种滋味，包括自己得到的和失去的。不可否认，好人与恶人都难免会遭受人世间的苦难，但是，正如奥古斯丁所说："同样的痛苦，对善者是证实、洗礼、净化，而对恶者是诅咒、浩劫、毁灭。"因此，不妨将善良作为一个朴素的愿望，保存在自己的心中，让它在我们的人生路上，开出最绚丽的花朵！

《史记·秦本纪》中记载了这样一个故事。一次，秦穆公到外地巡察时，跑丢了一匹爱马，于是就让手下的官兵去查找，发现这匹马被一个当地的部落联盟抓去杀掉了，正准备吃肉呢。

于是秦军就把这个部落的头领抓来了，本想严加惩治，却被秦穆公制止了："他们肯定是非常饥饿才吃我的马。"他听说吃马肉不饮酒对身体不好，就叫来士兵赏赐酒给那个部落的人。

多年后，秦晋交战，秦穆公身陷晋军重重包围，身负重伤，眼看就要战死沙场。

这时突然冲出来300多名勇士，他们勇猛无比，在千军万马中救出了秦穆公。领头的正是当年秦穆公没有杀掉的那个部落首领。

心中时常保留着行善的念头，自然做出来的事情就是善事。在美国独立以前，弗吉尼亚议会选举都是在亚历山大里亚举行的，而作为当地驻军长官的乔治·华盛顿，自然也参加了选举的活动。

当筛选到最后时，候选人名单上只剩下两个人在竞争，由于地利人和的因素，大多数人都支持华盛顿推荐的那名候选人，然而，却有一名叫威廉·宾的人坚决反对。他与华盛顿发生了激烈的争吵，争吵之中，华盛顿因一时失言，说了一句冒犯对方的话，这使得本来脾气暴躁的威廉·宾怒不可遏，一拳将华盛顿打倒在地。

华盛顿的朋友们一看这阵势，便立刻都围了上来，并纷纷高声叫喊着要揍威廉·宾。而在另一边，当驻守在亚历山大里亚的华盛顿部下听说自己的长官被殴打后，便带着枪马上赶了过来，一时间，气氛十分紧张。在这种情况下，只要华盛顿一声令下，威廉·宾就会被打得非常惨。然而，当时的华盛顿却十分冷静，他只说了一句："这不关你们的事。"

就这样，在华盛顿的容忍之下，事态才没有被扩大。

第二天一早，心有余悸的威廉·宾便收到了华盛顿派人送来的一张便条，邀请他立即到当地的一家小酒店去。这时，威廉·宾马上意识到，这一定是华盛顿为了昨天的事而约自己去决斗，自己这一去势必会有危险，但是如果不去那岂不是太没面子了。思来想去，富有骑士精神的威廉·宾还是下了决心，带了一把手枪，只身前往。

这一路上，威廉·宾都在想着如何对付华盛顿，然而，当他到达那家小酒店后，结果却大大出乎自己的意料，他看到的只有华盛顿一张充满善意的笑脸，还有一桌丰盛的酒菜。这简直让威廉·宾不敢相信自己的眼睛。正当威廉·宾发愣之时，耳边已经响起了华盛顿的声音。

"威廉·宾先生，"华盛顿热诚地说，"犯错误乃是人之常情，纠正错误则是件光荣的事，我相信，昨天的确是我不对，不过，你在某种程度上也已经得到满足了，如果你认为我们到此可以和解的话，那么现在请握住我的手，让我们交个朋友吧！"

听完华盛顿的话，威廉·宾已经感动得几乎要落泪了，回过神后的他，连忙将自己的手伸给了华盛顿，并一脸歉意地说道："华盛顿先生，也请你原谅我昨天的鲁莽与无礼！"

从那以后，威廉·宾成了华盛顿坚定的拥护者。

善良是一颗精神种子，当我们播下这颗种子，便能得到美好的果实，进而获得更美丽的人生，因为精神上富有的人，才是最富有的！

所谓好运，都是平日的厚积薄发

善良有福之人自带幸运的光芒，它能驱散生活中的所有黑暗。善良积累多了，好运也就跟着来了，所有的机缘巧合也会成为我们无形的保护。

人生就像一条精美的项链，而我们所走的每一步，都是这串项链上的珍珠，而美丽的珍珠需要我们用心去培育，唯有选择从善事做起，才能将那一点一滴的温情，串起生命中最绚丽的珍珠项链！反之，如果我们的人生旅途之中只有无穷无尽的冷漠、邪恶，那么，项链上的这些珍珠势必黯然无光，甚至还会散发出恶臭。相信，没有一个人会愿意戴着这样一条项链出门。

其实一个人未来能走多远、遭遇什么困难坎坷，会过上怎样的日子，跟自己一生的所作所为有十分密切的关系。

如何提升运气：好运气是自己给的

通常，心存善念的人，多待人和善、心胸开阔，他们给别人温暖和爱时，也会同样反作用于自己身上。相反，冷漠寡情的人，喜欢锱铢必较，容易困在琐事中，既为难别人，也跟自己过不去。如此你争我夺，不仅伤和气，也会让自己的前途受限。

有这样一对小夫妻，上有老人，下有孩子，两人下岗后日子过得异常艰辛。后来在朋友、亲戚以及街坊邻居们的帮助下，在县城的农贸市场开了家不大不小的火锅店。

刚开张时，店里生意冷淡，全靠朋友和街坊照顾。但因为夫妇俩非常厚道、待人热诚，而且各种菜品的价格低廉，赢得了大批的回头客，生意渐渐好起来了。不过，一些乞丐也经常过来行乞，少的时候三四个，多的时候七八个。夫妇俩每次都会笑呵呵地给这些邋遢的乞丐盛满热饭热菜。

时间久了，就有人问这对夫妻，这不影响生意吗？再说了，小本生意，哪有那么多的钱施舍这些人呢？这对夫妻却说："刚下岗那会儿，我们也经历过艰难，知道他们的苦，现在我们日子好了，能帮就帮一点！"

那些乞丐们也很知趣，讨了饭菜就走，从不在店门口逗留影响火锅店生意。

大约半年后的一个深夜,一家从事服装批发生意的老板因为沉迷于麻将桌前,忘了将烧水的煤炉熄灭,结果引发了一场大火。由于服装市场中都是易燃物品,火借风势,眨眼的工夫,整个市场便成为一片火海。

而这一天,这家餐馆的男主人恰好到外面进货,店里只留下了妻子照看。一无力气、二无帮手的女店主,眼看辛辛苦苦张罗起来的火锅店就要被熊熊的大火所吞没,就在这危急之时,只见那些天天上门乞讨的乞丐,不知道从哪里钻了出来,他们冒着危险将几个笨重的液化气罐搬到了安全的地段,并将那些易燃的物品也全都搬了出来。消防车很快来了,火锅店由于抢救及时,虽然也遭受了一点损失,但总算保住了。而周围很多家店铺,却因为得不到及时的施救,很快淹没在火海里。参加救火的消防队员感慨地说,要是火锅店里那些笨重的液化气罐不及时搬离火场,一旦发生爆炸,后果将不堪设想,那损失可就大了。

灾后,大家都议论纷纷,说这家店运气真好,要不是那几个乞丐帮忙,一定被夷为平地了。其实,哪有什么好运,所谓好运,只不过是我们平时的正向积累罢了。

孟子说:"今人乍见孺子将入于井,皆有怵惕恻隐之心。"人们看见小孩要掉到井里,都会马上伸出援手,而不会去考虑他是不是有钱人的儿子，或者他的父亲是否与自己有仇。

真正的善良并非自上而下的怜悯与同情，更不是强者对弱者的施舍，而是一种能把万物苍生视为同一高度，平等对待并真正去尊重的情怀。善良的可贵，也在于此。

人要有一颗善良的心，在看透了很多事情后，还是愿意做个好人，选择做好事。做个好人，为别人着想，有时行一件善事胜过千万次祈祷。存好心，说好话，行好事，结好缘，做好人，人有善念，天必佑之。

与善同行，才能遇到幸运天使

善良的人，总能以真情实意留住幸运的天使，相反，那些冷漠无情的人，即使幸运就在面前，也只能眼睁睁地看着它溜走，因为幸运之神只会钟情于心地善良之人，并迫不及待地远离那些恶人。

当我们每时每刻都坚持做善事时，便能在不经意中为自己结成一张和谐的人际关系网，并且还能从中体会到无穷的惊喜。善良所倡导的并不是刻意地施舍，而是要求我们有一颗善意的心，这才是最贵重的财产、最伟大的力量，它既看不见也摸不着，只有我们自己才能分配它们，而我们的付出，几乎不会减少我们的现有价值，却能给人带来巨大的力量。

职场中，谁能抓住机遇，谁便能比别人快一步走向成功，而机遇却是可遇不可求的。有一位善良的年轻人，便用自己的善心获得了满意的工作机会。

这位年轻人心地非常善良,在读大学期间就经常助人为乐,还常常去福利院当义工。虽然他的家境非常贫困,但他在校期间通过勤工俭学,顺利地毕业了。由于就业环境不好,毕业半年也没找到理想的工作,只好到一家商店做店员。

一天下午,外面突然下起了暴雨,一位老妇人走了进来,很显然,她并不打算买东西,而是进来躲雨。为了避免老妇人太过尴尬,这位年轻人主动和她打招呼,并且很有礼貌地询问是否需要什么帮助。

面对这位年轻人的热情,老妇人忐忑不安地说:"我只是进来避避雨,并不打算买东西,可以吗?"年轻人微笑着安慰她说:"没关系,即使如此,我们也很欢迎您进来。"

随后,为了打消老妇人的顾虑,这位年轻人还主动与她聊天,在闲谈之中,他讲述了自己的学习过程与理想,并且从老妇人的口中得知,刚才她到隔壁的商店躲雨,因为没买东西,被店员翻了白眼。

雨渐渐小了,老妇人起身准备离开,这位年轻人还送她出门,并替她将伞撑开。而在临走之际,这位老太太向年轻人要了一张名片。

后来有一天,商店的老板让这位年轻人到自己的办公室来一趟。到了以后,老板向年轻人出示了一封信,这封信便是那位老妇人写来的,她询问这位年轻人是否愿意到某互联网大厂去工作,做后台的程序开发。这和他大学的专业很吻合,能进互联网大厂也一直是他的梦想。原来,这位其貌不扬的老妇人正是某互联网大厂创始人的母亲。

就这样,年轻人用自己一颗善良的心,获得了这个极佳的工作机会,而这次机遇的取得,与他的善良是密不可分的,其实也可以说,是他自己创造了这次机遇。有不少年轻人总是抱怨命运的不公,因没有机遇而痛苦不堪,殊不知,机遇就在我们的身边,只是我们盲目地期待那些显而易见的机遇,而忽视了自己内心的那份善良。

我们不但要保持善良,更要主动传播自己的善良。永远都别说这个世界没有给我们机会,只是机会从来就不是别人拱手奉送的,我们必须靠自己的努力,去发现机遇、去创造机遇,才有可能获得机遇。一个只知道抱怨或等待的人,也许永远都无法赢取上天为其准备的机会,要知道,只有将自己的善意传播得越广,我们获得机遇的次数才会越多!

第3章
成功 =
运气 + 努力

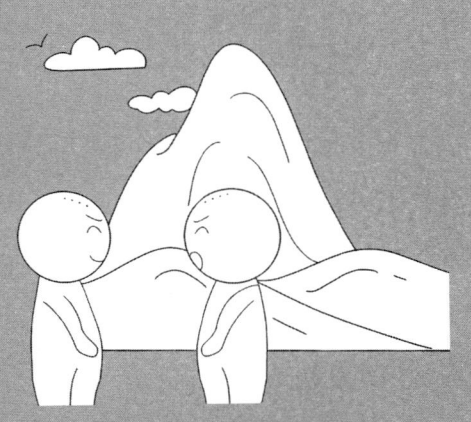

　　没有人能随随便便成功，北宋吕蒙正在《时运赋》里说：人有凌云之志，非运不能腾达。一个人有远大的理想，如果缺少运气和机遇也是无法实现的。因此，我们平时要知天时、顺天命，运气不好时不要气馁，运气没到时不要莽撞行事，只管默默努力，其他的就交给命运吧。

你这么努力，为什么还与成功失之交臂

努力固然重要，但是知道自己应该在何时何地去努力，比努力本身更重要。反之，在错误的道路上越努力，离目标就越远。

很多人忙碌又努力，可最后的结果却是越努力越忙，越忙越穷；明明很努力了，可是生活依旧不见起色；看起来每天忙得不可开交，可一天下来还是有很多事情没有做完；每天加班加点地工作，努力到自己无能为力，可还是在贫困线的边缘挣扎。于是，不禁发出灵魂拷问：我已经这么努力了，成功怎么还没有降临呢？

我们从小到大接受的教育是，勤劳可以致富，努力就会成功，事实果真如此吗？

下面通过我3个朋友的故事，来说明一下努力、机遇和成功的关系。

成功 = 运气 + 努力　第三章

我的一个朋友万女士，是普通的上班族，每天起早贪黑地努力工作，日子过得时好时坏，一直精打细算地生活。2017年的时候，有朋友找她合伙开火锅店，她怕赔钱没有投资，结果朋友赚得盆满钵满。2019年，她表哥找她合伙做小额贷，她怕赔钱没有答应，结果第二年国家金融政策收紧，她表哥借出去的钱到现在都没有追回来。现在的万女士，每天依然勤勤恳恳，工作稳定，收入稳定，只是小日子依然过得小心翼翼。

我另外一个朋友云杉，家里做建材生意，父辈挣下了千万家产，全都交到他的手中。

云杉是个很有冲劲的人，什么事都是说干就干。接管家中生意后，他看中了几个很有前景的项目，于是来找我帮忙看看，给拿些主意。

由于接手的是家族生意，从小耳濡目染，他也很适合做建材，但是最近几年整体的行业环境不是太好，他看中的一个项目又是他不熟悉的，所以我建议他目前最好的方法就是蛰伏积累，不要有太大的举动。但云杉认为事在人为，于是接下了那个项目。

第一年遇到了大雨，40万元的货全被淹了，那段时间因为孩子住院，他的妻子忙于照顾，又没有给货物上保险，所以没有得到一分钱的赔偿。第二年合作的一家房企爆雷，垫付的几百万元建材款一分也没有收回。后来，他又与别人合伙做木材生意，又投了 500 多万元，结果赔得一毛不剩，还欠下了近百万元的贷款。5 年时间，云杉赔光了家里的钱，建材生意也无法运转。

年前又来找我，说当初不该不听我的建议，现在很后悔。偌大的家业，短短几年时间，就轰然倒塌了。目前别说做生意了，维持日常生活都很困难。

第三位朋友贺先生，农村出身，大学毕业后当了一名设计师。2016 年因为在工地验收发生意外，获赔了 30 万元，但右腿也因此落下了终身残疾。他想用这 30 万元开一家设计公司，自给自足。我给他分析了当下的形势，认为他目前还是以稳为主，尽量不要出来创业，否则容易破财。他又在原单位安安稳稳地上了几年班，3 年后他又来找我，还是想出来创业，开一家设计公司。由于目前设计类公司已经趋于饱和，于是我建议他选择做自媒体。贺先生本身很健谈，而且社交能力很强，像自媒体这种新兴领域，越早入局，越能分得一杯羹。

贺先生很聪明，回到农村，找了一些亲戚朋友，做起了直播，并结合自家的农产品，干起了带货。短短几年间，就拥有了上千万粉丝，年收入几百万。

三个人，三种不同的努力方式，三种不同的人生。

这个世上绝大多数人都在拼命地活着，但是拼命的效果却是千差万别的。有的人越努力越幸运，有的人却怎么努力，都无法改变现状。其实就是运气不同，有些人运气不好，努力拼命的时候，正好走霉运，最后功亏一篑，等到运气好的时候，却因为家底赔光，没了东山再起的能力，或者意志消沉，没有了努力的动力与热情。

《史记》记载，孔子曾问礼于老子，老子说："君子得其时则驾，不得其时则蓬累而行。"意思就是说：一个人做事，要讲究时机，如果得其时机，可以马上启动，如果时机不对，则不能强行，要顺其自然。

所以，为什么很多人努力了，却得不到回报，就是因为他们努力的时间、地方和方式不对。努力是成功的基本条件，但是运气也很重要。运气好的时候，一分耕耘一分收获，人的财富就会急速增长；运气平的时候，则是维持不前；运气差的时候，就会越努力，越糟糕。所以，选择在什么时间、什么地方努力很重要！

运气好的时候，找对方向是前提，多努力、多做事是过程，成长起来是结果。运气不好的时候，瞎努力导致事倍功半却是人的常态，也是最容易犯的错误之一。当一个人顺利的时候，会过得很舒服，但也容易懈怠，觉得已经挺好了，其实这是在浪费上天给你的好运气。

而当一个人不顺的时候，想拼命挣扎，摆脱不利的局面，殊不知此时最好不要轻举妄动，越折腾越糟糕，应该按兵不动从长计议。

如果一味消耗努力的热情，等到好运来临，需要你拼命努力的时候，却没了动力和激情，岂不是得不偿失？

当好运来临时,要当机立断

俗话说得好:"谋事在人,成事在天。"我们在做事情的时候,成功与否,不仅要看个人的能力,还要看运气。

有的人总是抱怨自己的运气不好,说什么"天不佑我"之类的话。其实,好运可能早已降临到他们的身边,只不过他们视而不见,白白错过了。

三国时期,曹操与袁绍对战,粮草将尽,正当他为此而焦急万分、夜不能寐时,许攸深夜来访。

曹操听到通报后,连鞋都没来得及穿就立刻到门口去迎接他,曹操知道,自己的好运来了,许攸就是自己的贵人,一定要对他以礼相待。一番盛情款待后,许攸被曹操的热情所打动,于是为他献上釜底抽薪之计,夜袭火烧袁军粮仓,一举打败了袁绍,从此扭转了局势。

人的一生会有什么样的旅程,完全取决于自己。

如何提升运气：好运气是自己给的

比如有的人去寺庙祈福，这只是人们对美好生活的一种愿望，并不会直接改变命运，但是可以增强做事的行动力，增加信心，稳定情绪。结果周围的人发现你不急躁了，连带着人际关系也变好了，这个时候人做事的成功率自然就增加了。

好的运气，只不过是那迎面而来的机会，正好撞上了你的自信、坚定、努力和果敢罢了。

人不能无运，有运后更不能无为，运气是关键，努力却是根本。你看运气这两个字就知道，你得先"运"起来，才能承接更好的"气"。

很多人都玩过游戏，其实运气跟玩游戏一样，开局你什么装备都没有，通过一些途径和操作，增加了自身的魔法效果，有了魔法效果的加持，可能是血量变多了，也可能是技能更厉害了，这个时候，你该做的就是在这些魔法消失之前，抓紧一路打怪，一路通关，得到更多的回报。如果你身上带着各种能量加成，却站在原地什么都不干，那再好的运气也不会来到你身边。

我的一个朋友刚子就是这样，本来一手好牌，被他打得稀巴烂。2016年的时候，他家的小平房拆迁，补偿了两套房和300多万元现金。

那几年，我做生意全国各地跑，见面的机会也少，天天就看他在朋友圈各种"炫富"，想着这小子事业应该干得不错。

2021年的一天夜里，刚子打电话向我借钱，我才知道原来本该"风生水起"的这几年，他却"风平浪静"了。

朋友找他创业他没去，同事找他做工程他也没去，亲戚有门路找他合伙他还没去……现在这些人都赚得盆满钵满，可他却早已把几百万元拆迁补偿款挥霍一空。我当时真是有一种恨铁不成钢的感觉。朋友、同事、亲戚，这些贵人都走到眼前了，他怎么还能选择躺平了呢！

刚子说：那会儿一下子拿了这么多钱，我认为我的好运要来了，我就想那还努力啥……

人生如逆水行舟，不进则退。懈怠、懒散可以轻易地毁掉所有好运。

因为运气是依托人的能动性来发挥作用的，在同等运气的加持下，做一件事的人，绝对比什么都不做的人要得到的更多。如果基于人这个主体的能动性太差，那再好的运气给到你，都是浪费。人在穷困的时候，生存的压力会逼着你去做事，这个不难理解，可人在走运的时候，很容易会被躺平的心态所左右,然后就开始懈怠。

在应该努力的时候选择躺平,那就真是后悔莫及了。运气可以决定人生的上限,是成大事的必要条件,但好的运气也要看给谁用、怎么用。就像枪在战士手里能杀敌,在坏蛋手里,可能就是个凶器。

再说努力这事,大富靠命,小富靠勤,但若能在正确的时间用对了力、走对了路,至少也能过上吃穿不愁的生活。

奉劝身边的朋友,不要再抱着躺平的心态。要保持正心正念,努力做好手头的每一件事,这样运气自然就会来了。命我们决定不了,可当好运、机会来临的时候,就要当机立断,果敢出击,千万不要选择躺平。如果有人告诉你,明天你就要中1000万元,那你是不是要先出门去买一张彩票才行呀?

瞎努力，比不努力更可怕

在工作与生活中，我们必须眼观六路，看透事物的本质，看准发展的趋势，把握住机会，才能成为时代的弄潮儿。有些人很有吃苦耐劳的精神，就是找不到目标，结果方向不对，努力白费，走了很多弯路，事倍功半。

我们经常说要时运结合，如果你正处在不顺中，所有"往前冲""折腾一下"的想法，都属于瞎努力，除了让自己疲惫不堪以外，不会有任何收获。

你有过这种经历吗？明明很努力，却没有任何成果，甚至越努力越差。

2023年3月初的时候，一位河南的赖先生来我们公司咨询业务。赖先生夫妻俩经营着一家服装店，生意相当不错，2022年10月份妻子怀孕，这对于一直想要孩子的两个人来说，算是天大的喜事了。

由于一直忙生意，妻子之前做过手术，再加上岁数也不小了，赖先生觉得钱财没有孩子重要，于是就让妻子安心在家养胎，不再管服装店的事情。

妻子不在的几个月，都是赖先生起早贪黑在管理服装店，他比以前更加拼命，可越着急、越想做好，反而越做不好，几笔订单都出了问题，不仅没把服装店的生意支撑起来，反而生意大不如从前。

赖先生非常着急上火，为此还生了一场大病。赖先生属于那种"循规蹈矩"的人，很有责任心，总想让妻子安心养胎，希望自己能把服装店经营好，但因自身能量低，所以容易受到别人的影响。前几年生意不错，主要是妻子在店里店外张罗。服装生意近几年都不好做，但他们夫妻俩的店恰恰相反，生意非常好，这主要是因为妻子的操持。如今妻子退出，赖先生虽然也很努力，但生意却一落千丈。

通过对时势的分析，像赖先生目前这种情况，最好是以稳为主，维持就行，不要想着把生意扩大，也不要想挣更多的钱。不是不能挣，而是时运不允许，你非要在生病的时候去参加比赛，大概率会适得其反的。

所以我建议赖先生目前最好把重心放在身体健康上，

其他的就先放一放，该吃吃该喝喝，做个体检，把身体先调理好。

可赖先生有点转不过弯来，认为运势虽然重要，但努力更重要。可真实的情况是：当机会来临的时候，猪站在风口上，都能飞起来。

我继续耐心地开导他："开服装店之前你不努力吗？为什么几次创业都失败了？妻子怀孕休息以后，你不努力吗？为什么如今服装店生意一落千丈？这些都是因为你不够努力吗？不是说不要努力，而是不要瞎努力。"

后来，赖先生想通了，决定以稳为主，回去后先放松一下心情，再做个全面检查，陪妻子去散散心，静待妻子生产。

《周易》六十四卦，不同的卦象结合到现在的社会，其实就是告诉我们：在不同的境遇下、不同的环境下、不同的时运中，人的"选择"可以完全不一样。什么情况下要向前冲，什么情况下要蛰伏，什么情况下要放弃……这都不是"努力"二字可以诠释的。

现实生活中，见过太多在时运不济时"努力折腾"而导致生活更加糟糕的人，在错误的道路上，人越是努力，越是有能动性，就越是能发挥厄运的威力。太多人把努力当成单维度的方法,觉得千军万马走这一条路就对了,可我们的人生是个多维度的世界,条条大路通罗马,比努力更重要的事情太多了。

努力,只有在适合的赛道上、适合的时间里才是最近的路。好多人都说"人定胜天",我觉得这话不应该是表面上的"只要自己努力,就能战胜命运"的意思。我也遇到过不少年轻气盛的人,他们偏偏不相信运气,一定要用努力改写命运。可结果呢,往往碰得头破血流,直到过了40岁后,他们才真正感悟到命运的真谛。明知山有虎,偏向虎山行,最后被老虎一口吃掉,这就是现实的人生。

我一直都坚信,人应该掌握命运的起伏规律,然后根据这些规律去制定自己的计划,什么时候努力,往哪努力。

所以人生也应该是这样,在运气还未降临之前,要作好准备,养足精神,存好本钱,等到大运来的时候,再全身心地去努力,让自己的能动性放到最大,把自己的威力发挥到最大。千万不要瞎努力,要知道,一个人的努力是很"费力"的,说得直白点,谁也不能一直处在努力的状态中,那得多累呀!

成功 = 运气 + 努力　第三章

只有努力上进,才能把握命运

任何成功者的背后,都有一段不为人知的努力历程。成功从来不是天上掉下来的,而是靠着自己不断地努力和奋斗,再加上一点点的运气。人生最好的贵人,就是努力向上的自己。

人的一生中总会遇到各种各样的困难、挫折、竞争,在这样的情况下,唯有自己的努力才是最为重要的,因为只有自己能把握自己的命运,掌控自己的未来。

从某种角度来说,运气是努力的附属品,没有经过努力的原始积累,即使好机会摆在面前,你也抓不住。上天给予每个人的都一样,但每个人努力奋斗的程度却不一样。我们不要总是羡慕那些总能撞大运的人,你如果很努力,也能撞大运。

只有努力之后才有资格谈运气,好运气往往是给那些

如何提升运气：好运气是自己给的

努力的人准备的，只有靠自己努力、坚持，才能受到命运的青睐和运气的加持。越努力，运气就会越好。

有时候成功和失败之间的距离，并不像大多数人认为的那样是一道巨大的鸿沟，可能只是稍微比别人多努力那么一点，好运就来了，比别人多努力一些，你就会拥有更多成功的机会。

有这样一个故事：两个年轻人同时受雇于一家店铺，刚开始他们干着一样的工作，拿着一样的薪水。可是没过多久，其中一个年轻人就青云直上，工资也翻了好几倍，而另一个年轻人却仍在原地踏步。于是这个年轻人认为老板不公平，终于有一天他走进老板的办公室发牢骚。

老板一边耐心地听着他的抱怨，一边在心里盘算着怎样让他清楚自己与别人的差距。想了一会儿，老板突然让他到集市上去一下，看看目前市场上都在卖什么。

很快，这个年轻人就从市场上回来了，向老板汇报说："目前集市上只有一个农民拉了一车土豆在卖。"

"有多少？"老板问。这个年轻人顾不上休息又跑到集上，然后回来告诉老板说："一共40口袋土豆。"

"多少钱一斤？"老板接着问。

这个年轻人又一次跑到集市上去问了价格。

"好吧,"老板对他说,"现在你先坐到椅子上,看看别人是怎么做的。"

这时,老板叫来了和他一起进公司的那个年轻人,同样让他到市场看看都有卖什么的。

很快这个年轻人就从集市上回来了,向老板汇报说:"到现在为止只有一个农民在卖土豆,一共40袋,价格每公斤6元,土豆质量很不错,我还带回来一个样品,您可以看看。一个小时后,这个农民还会弄来几箱西红柿,据他说价格非常公道。昨天咱们公司里的西红柿卖得很快,库存已经不多了。我想这么便宜的西红柿老板肯定要进一些的,所以我向那位农民要了联系方式。"

此时,老板把头转向坐在椅子上的年轻人,说:"现在知道为什么别人的薪水比你高了吗?"

人们总是善于为自己找借口,将生活中的一切不如意都归结为运气不够好,其实你认为有好运的那些人,他们的好运都是用努力、用奋斗去换取的。别人一个小时就完成的工作,你三个小时才做完,还总是感叹命运的不公平。其实,这世间哪有什么天降好运,不过是努力积累了足够的实力。

虽然有时候我们付出的努力不一定都会收获好运,但

运气：好运气是自己给的

所有的运气一定是我们足够努力的结果。好运气是努力出来的，机遇就在眼前，只有努力向前跑，才有可能抓住它。

努力了，总会有好运

人生就像一场没有预期的旅行，谁也不知道在路上将会发生什么。一旦遇上突发事件，只有努力的人才会有好运的。因为机会不是等来的，而是通过努力争取来的，只有努力了，才会有获得好运的资格。

生活需要努力，我们的梦想需要自己去成全。有时候，一个人眼界有多大，世界就会有多宽广；格局有多高，事业就会有多大。真正能阻碍我们的，从不是别人的质疑，而是我们对自己的怀疑，真正能击垮我们的，从不是外在的厄运，而是我们内心的不自信。

有一年，我们公司进行了一次大裁员，经过这次裁员，让我深刻认识到：努力了，总会有好运气，如果好运气还没有降临，那只能说明你的努力还不够。

这次裁员是自上而下的，每个部门都要精简。内勤部门的小丽和小艳在被裁人员之列,公司规定一个月之后离岗。快下班的时候,公告贴出来了,大伙儿都小心翼翼,谁也不愿提及此事。

第二天上班,小丽的情绪仍很激动,谁跟她说话,她都像灌了一肚子的火药,逮着谁就向谁开火。裁员名单是老板定的,跟其他人没关系,甚至跟内勤部都没关系。小丽也知道,可心里憋气,又不敢找老板发泄,只好找杯子、文件夹、抽屉撒气,办公室时不时传来"砰砰啪啪"的声音,大伙儿的心被她提上来又掉下去,空气都快凝固了。大家对她也挺同情的,谁也不忍心去责备她。

一阵摔打过后,小丽又去找部门领导诉苦,找同事哭诉,"凭什么把我裁掉?我干得好好的……"眼珠一转,滚下泪来。旁边的人心里酸酸的,恨不得让自己替下小丽。以前,办公室订盒饭、传送文件、收发快递,原来属于小丽负责的事,现在自然也都无人过问了。

有些关系好的同事到老板那儿替她说情,小丽着实高兴了好几天。不久又听说,这次是"一刀切",谁也通融不了。小丽再次受到打击,整天用异样的眼光在每个人脸上刮来刮去,仿佛谁在背后捣鬼似的。许多人开始怕她,都躲着她。小丽原本很讨人喜欢的,但后来,她人未走,大家却有点烦她了。

裁员名单公布后,小艳也哭了一晚上,第二天上班也无精打采,可打开电脑,拉开键盘,她就和以往一样地开干了。小艳也很讨人喜欢,同事们早已习惯了这样对她,"小艳,把这个打印一下,快点儿!""小艳,快把这个传出去!"小艳每次都很爽快地答应。随着月底的临近,大伙都不好意思再吩咐她做什么,小艳却特地跟大家打招呼,主动揽活儿。她说:是福不是祸,是祸躲不过,反正这样了,不如干好最后一个月,以后想干恐怕都没机会了。她每天仍然勤劳地打字、复印、整理文件,就连订盒饭、取快递的事也揽了过来,随叫随到,坚守在她的岗位上。

一个月过后,小丽下岗了,而小艳却留下来了。部门领导当众传达了老板的话:"小艳的岗位,谁也无可替代。小艳这样的员工,公司永远不会嫌多。"

当心仪的工作出现在眼前,也许会有这样或那样的不如意,但请相信自己内心的感觉,给彼此一个机会。我始终相信,好运气只会青睐努力又有耐心的人。而努力又乐观上进的人,值得迎接一个又一个好运气的到来!其实,只要认真观察,我们就会发现,命运特别偏爱那些努力的人。有时候抱怨得越多,厄运就越容易找上来,以至于无法挽回。

我曾经听过这样一个寓言故事,说一个猎人带着猎狗去打猎。猎人用枪击中了一只兔子的后腿,受伤的兔子拼命地逃跑,猎狗在其后穷追不舍。结果竟然让兔子逃掉了。

猎人气急败坏地说:"你真没用,连一只受伤的兔子都追不到!"猎狗听了很不服气地辩解道:"我已经尽力了呀!"兔子带着伤,成功地逃回家后,兄弟们都围过来,惊讶地说:"你真幸运,腿受了伤,还能逃脱那只猎狗的追击。"兔子平静地说:"这哪是什么幸运,猎狗只是尽力而为,我是拼命在逃呀!它没追上我,最多挨一顿骂,而我若不竭尽全力地跑,那就没命了!"

当你羡慕别人坐拥财富享受高品质生活时,当你妒忌别人坐在办公室轻松拿着高薪时,当你被裁员时,当你看到机会总是让别人遇到时,你也许会抱怨世界的不公平,但你是否想过,你足够努力了吗?

爱笑的人运气都不会太差

微笑,不是某个人的专利,只要你能从心底里发出微笑,就可以让灰暗的人生焕发出靓丽的光彩,让平庸的世界创造出伟大的奇迹……

微笑,一个简单得不能再简单的表情,却是最美丽的一种语言,它所传递的信息是丰富无比的。微笑可以驱散心灵的孤寂;可以融化心灵的坚冰;可以放松戒备紧张的心情;可以拉近心与心之间的距离;可以让人感受到真诚。微笑如绵绵春雨,滋润干涸的心田;又似徐徐春风,可以抚平或舒展心灵的皱纹。

笑容绽放在脸上的人,心里一定充满阳光,虽然他们不能改变世界,但最起码可以使自己的周围暖意融融。把微笑送给别人,会体验到一种真正的愉悦,心情好了,幸运也会更多地光顾你。

当我们微笑时，也会引发别人的积极情绪，会让别人感受到我们的热情和友好，有利于我们与别人建立连接，发展友情。微笑在我们的社会交往中扮演着重要的角色，爱笑的人，人际关系也一定不会差。

我有一位朋友，开了一家花店，生意非常好，后来因为开了分店，需要招聘一位售花小姐，招聘广告张贴出去后，前来应聘的人有四五十个。经过仔细地筛选，朋友选出了三位女孩让她们每人经营花店一星期，以便最终挑选一人。这三个女孩中一个有着丰富的工作经验，一个是花艺学校的应届毕业生，还有一位是待业女青年。

有过售花经历的女孩一听老板要以实战来考验她们，心中窃喜，毕竟这工作对于她来说是驾轻就熟。每当有顾客进来，她就不停地介绍各类花的花语以及给什么样的人送什么样的花，几乎每一位顾客进花店，她都能说得让人买去一束花或一篮花，一个星期下来，她的成绩非常不错。

花艺学校毕业的女孩充分发挥自己所学的专业知识，从插花的艺术到插花的成本，都精心琢磨。她的专业知识和她的聪明也为她带来了相当不错的业绩。

最后到那个待业女青年了，开始她显得有点放不开手脚，然而她置身于花丛中的那张笑脸简直就是一朵花，从内心到外表都表现出一种对生活、对工作的热忱。一些残花她总舍不得扔掉，而是修剪后免费送给路过的行人，而且每一个买花的顾客，都能得到她一句带着微笑的祝福——"鲜花送人，手有余香"。那声音甜甜的，让人如沐春风。顾客听了之后，往往都会开心地回应她一个笑脸，然后快乐地离开。但尽管女孩努力干了一星期，她的业绩和前两个女孩比还是有些差距。

出人意料的是，朋友最终选择了这个待业女青年。我很是不解，她为何放弃那两个业绩好的女孩，而选中业绩差的呢？

朋友说："用鲜花挣再多的钱也只是有限的，用像花一样的心情、像花一样的微笑去挣钱才是无限的。花艺可以慢慢学，经验可以慢慢积累，但那种发自内心的微笑是学不来的，因为这里面包含着一个人的气质、品德和自信……一个真正懂得笑的女人，总能轻松地穿过人生的风雨，迎来绚烂的彩虹。"

由此可见，微笑的魅力是多么的大，一个小小的微笑，却能改变很多事情。微笑，能够让我们身边的人感到我们是积极的、友好的、开放的、易于相处的，而这些都是建立良好关系的开始。在生活中，我们经常会遇到一些爱笑的人，也会自然地觉得他/她是易于亲近的。

笑是豁达的一种表现，而豁达是一种胸怀博大开阔和超然洒脱的态度，也是做人最高的境界之一。一般说来，豁达开朗之人比较宽容，能够对别人的不同看法、思想、言论、行为等都给予理解和尊重，不会轻易把自己认为"正确"或者"错误"的东西强加于别人。他们也有不同意别人的观点或做法的时候，但他们会尊重别人的选择，给予别人自由思考和说话的权利。因此，在生活中，你必须善于以笑来表示豁达。

爱笑的人，天生自带运气，因为运气差的人根本就笑不出来。微笑也是一种力量，能化干戈为玉帛，喜欢笑的人，天生带着一种亲和力，能让人对你好感倍增。

第4章
掌控财富密码，把握幸福人生

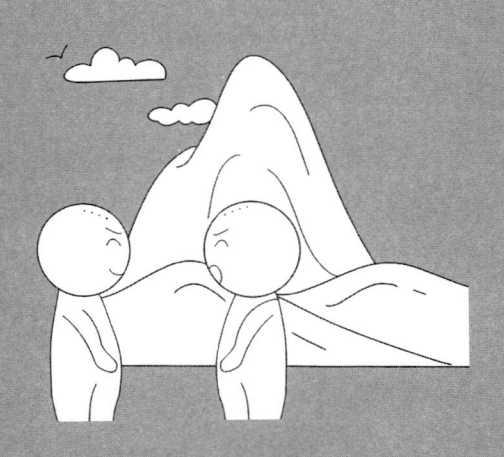

在人生的道路上，财富总是与机遇相伴而行，不同的人生阶段，会面临不同的选择，向左还是向右，各自暗含着不尽相同的机遇。选择不同，其结果必然不同。那些能够把握机遇的人，总能够与财运相伴，将自己的财富推上一个新的台阶。

如何提升运气：好运气是自己给的

思路决定出路，认知决定财富

格局决定结局，在追求财富的道路上一样适用，一个人的眼光、胸襟、胆识、认知等要素，对其财富有着决定性的影响。

古人都说，财是养命之源，是立身之本。可是现实往往又很不尽如人意，很多人一生忙忙碌碌，却也一生辛劳贫苦。

如果你仔细去看，那些只能赚个养家糊口的钱，甚至连养家糊口都困难的人，他们的人生好像都是一个模板里刻出来的一样。在三四线城市有着一份普通且低薪的工作，工作内容简单枯燥，且替代性还特别强。每天过得惶惶不可终日，自己也没什么特别的本事，既没有一技之长，也没有足够的野心，更不要提眼界、格局了。他们自己也知道这样的生活不好，也想改变，却又无力改变……

归根结底，就是没有赚大钱的能力，没有真正能够彻底改变自己命运的认知能力。

从现代心理学上说，一个人的赚钱能力是由他的认知决定的。这几年非常流行的一句话——"你永远赚不到你认知范围以外的钱"，就很好地诠释了你赚不到钱的原因。

什么是认知？认知就是信息加工的过程。

目前我们生活的世界每天都会有各种各样的信息，我们要对这些信息进行加工形成自己的想法，然后由想法引发行为，而行为决定了事情发展的结果。所谓"起心动念皆是因，当下所受皆是果"，所以我们要好好地加工这些想法，小心谨慎地去起心动念，从中找到赚钱的商机。

我有一位朋友，是单亲妈妈，带着四个孩子。她每天打两份工，疲惫不堪，日子仍过得紧巴巴的。我问她有没有想过做点别的事情，她说现在能有这些工作已经不错了，哪来的精力想别的。

她长相秀丽，有演艺天赋，况且目前自媒体兴起，很明显，她适合在自媒体上展示自己。我建议她辞掉现有的工作，把自己带孩子的经历拍成短视频发出来，只要坚持就会有不错的成绩，比打工强。

在我的劝说下，最终她辞职专心做起了短视频。目前她接一条广告就要上万，每个月赚的钱足够养好一家人了。

财富自由无法通过机械性的重复劳动实现，只能通过多学习、多思考、多实践来争取。所以说，一个人能够赚钱，其实就是赚自己认知的钱。

第二次世界大战刚结束后，以美英法为首的战胜国经过磋商，决定在美国纽约成立一个协调处理世界事务的组织——联合国。就在一切准备就绪后大家才发现，这个全球性的组织竟然没有一块属于自己的土地。

在寸土寸金的纽约筹资买一块地皮，并不是一件容易的事情，联合国对此一筹莫展。

当美国著名的财团洛克菲勒家族得到这一消息后，马上出资870万美元，在纽约买下一块土地，并将它无条件地赠予了联合国。同时，洛克菲勒家族将赠送给联合国这块土地周边的大面积土地也一同买了下来。

洛克菲勒家族这一出人意料之举，令美国许多大财团吃惊不已，870万美元，毕竟是一笔不小的数目，而洛克菲勒家族却将它拱手相赠，并且什么条件也没有。

于是一些大财团和地产商都纷纷嘲笑说："这简直是

蠢人之举。"并纷纷断言："这样经营下去，要不了几年，洛克菲勒家族就会衰落下去。"

但出人意料的是，联合国大楼刚刚完工，毗邻它四周的地价便立刻飙升起来，巨额财富源源不断地涌进了洛克菲勒家族。这种结局令那些曾经讥讽和嘲笑过洛克菲勒家族的商人们目瞪口呆。

在追求财富的道路上，每个人都会遇到很多选择，而做选择时最重要的就是高瞻远瞩，不要只盯着眼前的利益。

总而言之，你现在还没赚到钱，就是因为认知不够，认知不够，行为就跟不上，行为跟不上，结果自然也跟不上，最终导致我们的赚钱能力不足。如果目前已经是你人生中的天花板了，那就要知足常乐，人是很难赚到不属于自己能力之外那部分钱的，就算有一天获得了，也会失去；如果目前还不是你人生的巅峰，那就继续努力提高自己的认知，早日实现财富自由。

如何提升运气：好运气是自己给的

提升自己的赚钱能力

一个人的认知越高，能量越强，金钱就会越来越密集地向他涌来，这就是马太效应，强者愈强。越认知高的人越富有，越富有的人，摄取的高质量信息和资源越多。所以说，想要提高自己赚钱的能力，最根本的途径就是提高自己的认知。

大家认为赚钱的本质是什么？

其实就是利用信息差解决问题、满足需求，借助资源提供价值，说白了就是一个认知变现的过程。所谓认知变现，就是通过对这个世界运行的商业、政治、经济的底层逻辑的理解，所获得的利益。

那么，要如何提高自己的认知？决定认知水平的因素有很多，可以归纳为三个：出身环境、生活圈子、个人性格。

先说出身环境，一个人出生在什么样的家庭，这是先天决定的，我们无法改变，寒门很难出贵子就充分说明了这个因素的重要性。由于不是个人所能左右的，所以这里就不做过多地讲解了。下面重点讲一下生活圈子和个人性格，这些在某种程度上可以通过主观能动性去改变。

为什么高质量的圈子可以提升我们的认知？因为榜样的作用会激励我们学习。同时，高质量的圈子也会带来高质量的贵人，有些事要想做成，一个贵人就够了！低质量的生活圈子，因为水平都跟自己差不多，或者比自己还低，所以是很难带着你提升认知的。

与成功的人为伍，无形之中会从他们身上学到很多，慢慢地我们的认知也会提高，跟小时候父母对我们的言传身教一样，不知不觉就会从他们的身上学到很多有用的东西，从而改变自己的认知。

另一方面，性格决定认知，性格不好的人往往会认知不足。

一个人的认知能力可以通过后天实践和教育提升，但是个体性格基本决定了一个人的认知需求变化范围和认知能力提升空间。也就是说，一个人的性格决定了他的认知高度与宽度。

所以说，想要提高自己的认知，就要改变或者摒弃个人性格中的弱点。

我有一位朋友，工程专业博士学位，人很优秀，在体制内工作，月薪2万元，2018年时举全家之力，在海淀区花上千万元买了个学区房，为此掏空了家底。全家6口人挤在80平方米的学区房内，一度经济紧张，日子过得很清苦。

他赚钱的机会还是很多的，找他做私活的人很多，但都被他一一拒绝，理由无非是："我不与这些人打交道""要看他们的脸色，我不干""堂堂的博士生，我拉不下这个面子"……时间长了，也就没有人再去撞他这面"自尊的墙"，最终，白白错失了很多赚钱的机会。

有的朋友可能会说：难道为了赚钱就要放下尊严吗？当你为了下个月的房租为难的时候，当你为了孩子的学费发愁的时候，当父母有了病却没钱买药的时候，自尊、面子不能为你解决任何问题，只有钱能解决。只有先"跪着赚钱"，才能"站着选择"你想要的生活以及你的尊严。

大多数人之所以赚不到钱，要么是害怕失败，要么就是太在乎面子，不敢大声叫卖和宣传，做什么都不敢让亲戚朋友知道，也不好意思拒绝别人。

有的小伙伴做个直播,就特别怕熟人进直播间,害怕别人会取笑,其实是想多了,大家都挺忙的,没人时时刻刻关注你,等你真的赚到钱了,他们对你也只有祝福的份了。

如何提升 运气：好运气是自己给的

会赚钱，也要会"守钱"

很多人明明财运很好，赚钱的能力也很强，可就是存不下钱，归根结底，还是在花钱上出了问题。

一个人财运旺是好事，说明挣钱的机会多，但仅仅财运好还不行，如果花的总比赚的多，钱财就会慢慢流失。因此，财运旺的人，也要注意规避财富流失的风险。

很多人都只关心自己的赚钱能力，从而忽视自己的理财存钱能力，其实只懂得怎样赚钱是不行的，能否留得住钱财，才是最主要的。否则，赚再多的钱财都被挥霍一空，又有什么意义呢？

江西的高女士，因为生意的事来公司咨询，高女士是做熏香生意的，这几年卖得特别好，赚了一些钱。钱有了，麻烦也就来了，自己的弟弟三天两头地过来要钱。

高女士去找父母说理，父母不仅不劝说，还全力支持她弟弟。高女士出身农村，父母重男轻女，一直强调"你做姐姐的，要养着弟弟、帮着弟弟"。由于受父母这种思想观念的影响，高女士这几年没少帮助家里和这个弟弟，少则三五千，多则三五万。自从侄子出生后，高女士更是承包了所有的衣服和玩具。

我问高女士，以前没有做熏香生意的时候，弟弟或者说家里是不是一直都在向你要钱？高女士说确实是这样，现在的熏香生意并不是她第一次创业，之前开过奶茶店、快递店，卖过水果，摆过地摊，每次都赚钱，可最后就是剩不下钱，几乎都补贴家里人了。不是帮弟弟还债，就是帮父母建房子，就连弟弟相亲时的彩礼，都是自己帮着出的。

高女士这几年做熏香生意，看似赚了不少钱，实则并没有存下多少钱，有时生意上资金周转不开，还要开口向朋友借。这也让高女士身心疲惫。

这像极了一个寓言故事，说秋天到了，树林中的果实都已成熟，小松鼠们正在积极地采摘果实，运回自己的树洞里储存起来，为即将到来的冬天做准备。很多小松鼠存满了一个又一个树洞的食物。

其中有一只小松鼠却一个树洞也没有存满，它看起来每天也很忙碌，一大早就出去采摘果实，每天都非常积极努力地去储存食物，可为何存了那么多的食物还是没有存满树洞呢？原来它存储食物的树洞下方有个不大不小的口子，以至于它每天放进去的果实都从那个口子掉了出去，而小松鼠并没有及时发现，结果导致存了好多食物进去却还是存不满树洞。

很多人在面对重要问题的时候，其实明知道怎样做会更好，可偏偏选择另一条更难的路。就像有部电影里的台词是这样说的：在我人生的每个十字路口，我都知道选哪个是对的，可我都选了错的那一边，没什么原因，对的那个选项太难了。

有一位朋友，开了一家服装店，这几年也算是顺风顺水，但自从让发小入股了自己的服装店后，不到两年，就关门了。后来干建材生意，也风生水起，但只要与人合伙做事，必定破财。刚开始他并没有当回事，后来有所警觉，又自己干起了数码产品销售，几年的时间就开了5家分店，赚了上千万。2023年年初来店里喝茶聊天得知，年前他赔了一百多万元。原来是自家小姨子投了钱，在总店里开了一个柜台，卖高端手机饰品，因经验不足，被同行坑了，导致总店收了一百多万元的假货。

我打趣道，你这是好了伤疤忘了疼啊，怎么又跟人合伙干上了？朋友说近些年生意做大了，想着运气是不是也能变一变，没准就能与人合伙了呢，再加上是自家亲戚，就同意了，没想到……

其实，一个人财富的多少，基本上由两个方面所决定，一个是赚钱的能力，一个是驾驭金钱的能力。一个人没有赚钱的能力，谈不上财富的积累，但是即使赚了很多钱，却驾驭不了，没有规划，乱投资，最终也会归于零。

如何提升运气:好运气是自己给的

如何激活自己的财运

一个人的财运,不是无缘无故天上掉馅饼,而是不惧困难险阻,持之以恒地努力付出积累之后,在未来某个不经意的时间里,意想不到的收获。它是自己修来的,是用努力换来的。

很多朋友都非常关心自己的财运。如果你觉得自己财运不好,其实可以尝试用这种方法去激活它。

我有一位好朋友名叫黄杉,大家都喜欢称呼他黄善人,因为他激活自己财运的方法非常让人佩服。

我和他的相识纯属偶然。一次在洗车的时候,我看到对面的马路上有一位老太太摔倒了,躺在地上一动不动。周围的人谁都不敢过去,怕摊上事。这时从工地门口出来一个身穿工服、头戴安全帽的人,毫不犹豫地把老人扶起来坐到了一边,然后询问周围的人谁可以帮忙打一下

120，当时那个拨打 120 的人就是我。

老人被送到了医院。走的时候我问他：你不怕被讹上吗？毕竟这种事情新闻网络报道得太多了。

他一脸"天下无贼"的表情对我说：人摔倒了扶一下，这不是应该的吗？

我给他留了联系方式，告诉他有事可以找我，我可以作证。

过了大概一个月，我接到他的电话，还以为他真的摊上事了，准备过去帮他解释一下。没想到他找我，是因为老太太要给他 2 万元的酬谢费，他不知道怎么办。

老太太见他死活不要这钱，于是就让他进自己儿子的工程队，他一听有活儿干，高高兴兴地答应了。

接下来的几年，我们一直保持联系，让我惊讶的是，这位名叫黄杉的小伙子的人生像开了挂似的。后来还成立了自己的装修队，自己也成了包工头。他每天虽然很忙，却经常抽时间去养老院、孤儿院做义工，捐赠一些物品，还专门租了一个院子救助一些小动物等。

俗话说，小富靠勤，大富靠修。黄杉正是因为自己积累的善举改变了自己的人生，你可能会说这是因为他命好，恰好撞上了，可是如果他没有一颗善良的心，没有将行好事、做好人、养善心作为人生准则，又怎么会有意想不到的收获呢？

老子《道德经》中有一句话："天道无亲，常与善人"，上天非常公正，对众生一视同仁，不会偏袒任何人，却眷顾宅心仁厚、乐善好施的人。

很多人觉得，做好事得发财以后才能做，自己还朝不保夕，吃了上顿没下顿，怎么有能力帮助别人呢？实际上，这种想法是错误的，很多善事不是说非要有钱才能做，有些时候其实需要的不是钱，而是一颗善良的心，一颗行好事不求回报的心。

我们常说，积善之家必有余庆。"积德虽无人见，行善自有天知"，富贵荣华不是争来的，是积德来的。当你在帮助他人的时候，就是给他人送去好运，人在做天在看，老天最后也会降下福气给你。不过千万不要带着求荣华富贵的心去行善积德，就算有一天求来了，也难以长久，争来的、抢来的财富，来路不正，终会有报应，唯有积德来的财富，才能长长久久，绵延不绝。

财运好的人，都抱着但行好事不问前程的心态，从来不会去妄求、不会去勉强，一切都是自然而然，水到渠成。这就好比吸引力法则：你多去创造"善"的能量场，也会吸引来善的福报；你常常尖酸刻薄待人，制造了很多"恶"的能量场，也自然会吸引来恶的报应。

我们多去播种善缘，早晚也会收获善果；反之，则是收获充满灾殃的恶果。当我们做善事的时候，就是改造内心的最好时机，因为"一念之善，吉神随之"。经常做善事，就会经常招来大吉大利，这便是道家所说的"万般皆由心，祸福由心造"。

所以说，我们尽自己的能力去多做善事，就是激活自身财运最好的方法。

不要贪心，高风险的坚决不碰

你不理财，财不理你！在当今的社会中，投资理财成了很多人离不开的话题。可是现实的生活中，却存在大量的理财陷阱，所以我们在做理财之前，有必要掌握一些理财知识，避开一些理财的陷阱，这样才能使自己的财富更殷实。

经常有朋友一见面就问我：张老师，我命中有财运吗？最近投资怎么总是亏钱呢？如果我说有，那便喜笑颜开，皆大欢喜；如果我回答没有，那便愁眉不展，万念俱灰。

很多人都认为自己穷困潦倒，是因为命中无财，其实不然，命中无财并不可怕，只要打通财路，同样能财源广进。

我有一位客户，特别喜欢投资，手里一有闲钱就会买股票、期货、基金，但每次都是以赔钱收场，屡战屡败，最后负债累累。

经朋友介绍，有一天他过来找我喝茶聊天。闲聊中给我讲了他这几年投资失败的事。我笑着说："你运气够背的呀，看来你命中无财。"

虽是一句玩笑话，但他一听当即变了脸色，我赶紧安慰他：没有财运并不可怕，只要财路通了，照样可以发财。你只不过是运气不好，没有把握住机会。于是我建议他近期如果还想要投资，不妨选择与餐饮、艺术相关的项目。大概过了三个月左右，他打电话找我，说前段时间向朋友借了10万块钱，投资了一家餐馆。当时我心想：这兄弟心够大的，真是债多了不愁啊！

后来他强烈邀请我去他的餐馆坐坐，我去了以后，看到他的餐馆虽然面积不大，但人来人往，翻盘率很高。据他说，一个月总体算下来，也能挣两三万。用他的话说，这可是近几年没有过的事情！

那么，怎样理财更稳妥呢？我总结了几点，大家绝对不要去碰。从经济学角度来说，钱只有投资才能产生收益，要让资金流动起来！假如你有一万元，放在家里面会产生收益吗？是绝对不可能的，但相对来说，也是最安全的。

要想资金安全，又要投资理财收益，首先不要把钱都投资到一个领域，可以分散投资，也就是说不要把鸡蛋都放在一个篮子里。比如，一部分买保险，一部分存银行，万一投资失败，也不至于全军覆没，这样才能增强抵抗风险的能力。

其次是小心互联网金融"投资陷阱"。互联网金融本身是一件好事，可是由于监管不到位，目前出现了很多骗局，一些P2P都是编造虚假项目，这些人圈完钱就跑路，导致很多企业、上市公司背景的P2P公司相继出事，投资者的血汗钱都打了水漂。还有一些民间借贷，虽然获利很高，但风险也很大，经常出现一些无法按期还款的违约事件，高利率背后带来的必然是高风险，一旦出事就会导致投资人血本无归。这就是我们平时所说的：当你看中别人利息的同时，别人也在惦记着你的本金。

因此，我们一定要擦亮眼睛，守住钱袋子，坚决不碰高风险的事，千万别贪心，因小失大。甭管面对多大的诱惑，都要冷静理智，千万别冒险。

善吃亏者,财富不请自来

成功的人都会明白一个道理,那便是唯有善于"吃亏",方能达到财富自由!吝啬,不能给人带来利润,唯有善于"吃亏",才能收获更多财富!

俗语有云:"爱出者爱返,福往者福来",财富也是一样,人世间的事物,总是在不断地往复循环,唯有我们投之以李,别人才会报之以桃。有了付出才能有回报,世界上没有无回报的付出,亦没有无付出的回报,有时我们付出得越多,收到的回报也会越大,若我们只想索取,不懂得付出,那么,我们财富的源泉终将枯竭!

我有一个亲戚,在南方做纺织品生意。1997年,经济危机笼罩了整个亚洲,很多企业都纷纷破产。亲戚家的企业虽然正常运营,也是如临深渊,小心翼翼地对待公司里的每一件事,唯恐出现一点点小的纰漏而导致整个企业的崩溃。

就在这种危机四伏的时刻，纺织厂却遭遇了一起火灾，整个厂区顿时沦为一片废墟。毫无疑问，这对亲戚的公司来说无疑是雪上加霜。厂子里几千名员工都悲观地回到家里，等待着公司破产与失业风暴的来临。终于，他们在不安的漫长等待中，等来了老板发来的通知，在发工资日的那天，他们可以照常到公司领取当月的工资。

经济一片萧条，又加上火灾，公司却通知照常领取工资，员工们都感到非常意外。于是，他们纷纷打电话向老板表达自己最真诚的感谢。此时，我的那位亲戚向员工保证：虽然公司损失惨重，但是员工们的生活更艰辛，如果没有工资，你们将无法生活，所以，只要我能筹到一分钱，哪怕是变卖抵押所有家产，都会按时给你们发放工资！

当其他股东得知此事后，都惊诧不已！要知道，几千名员工一个月的工资，那可不是一笔小数目。更何况当时的纺织厂几乎化为一片废墟，别说是处在经济萧条的时期，即使是在经济繁荣的上升期，也很难再恢复元气了。既然恢复无望了，还要自掏腰包，给员工们发工资，在他们看来老板简直是疯了！好几个股东在拿到保险赔偿款后，纷纷退出了。

然而，不可思议的是，一个月以后，当再一次拿到公司支付的薪水后，几千名员工开始陆续走进厂子，大家自发地清理废墟、擦洗机器，还有一些人主动去联系中断的货源，寻找更好的合作伙伴。就这样，仅仅用了三个月的时间，亲戚家的纺织厂又重新运转了起来。员工们对老板都充满了感激，他们更加忘我地工作，不分昼夜地奋斗！后来，经济开始复苏，亲戚家的公司订单不断，如今资产早已过亿。

不可否认，我的那位亲戚用他的仁慈以及宽以待人的精神，使自己的事业起死回生，但他的亲身经历也在告诉我们：舍得施恩，就会有回报，并且，回报绝对是出乎我们的意料之外。

然而，在现实生活中，并不是每一个人都能够明白这一点，或者真正做到这一点，有的甚至走向了舍得、付出的反面——吝啬。

当然，如果从在商言商的角度来说，商人看重财富无可厚非，并且适当的节省也非常有必要，然而，凡事都会过犹而不及，一旦超过了一定的尺度，就会演变成吝啬。由此我们不难看出，凡事只想从别人身上索取，却从不付出的人，注定是无法获得更多财富的，反之，如果一个懂得用善良打动员工，进而激发员工积极性的人，才是一位真正的智者！

第5章
家和万事兴

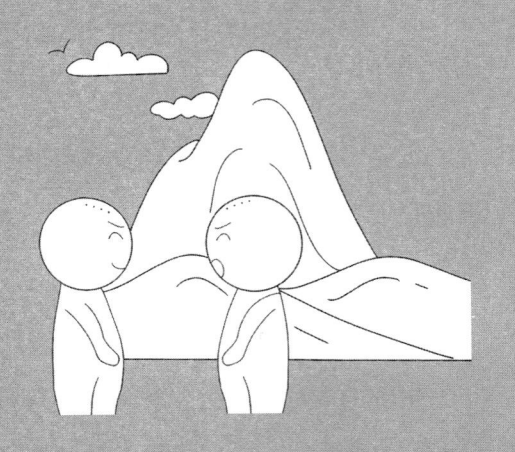

　　一个人运气好，需要的是天时、地利、人和，其中非常关键的就是家庭，常言说家和万事兴，就是这个道理。家庭运气的好坏，直接或间接地影响到家里的每一个人。所以，古人提倡"修身齐家"，只有不断提高自身的能力和德行，才能治理好家庭。

好女人是家庭的福气

俗话说:"秧好一半谷,妻好一半福。"插秧的时候,秧苗好,能提高一半的产量;妻子如果娶得好,则是后半生的福气。

世界上很多的美好都与女子有关。一天我带着家人去饭店吃饭,饭店老板打趣说,你这一对儿女真可爱,凑齐了一个"好"字。女+子,合起来为"好",但在我看来,还有一层意思:女子,便为"好"。

相传,黄帝在与蚩尤的大战中落难,危急时刻得到一名女子的救助,最终得以脱险并战胜了蚩尤。因此,黄帝就造出了"好"字,意思是女子为"好"。我们再看古代圣贤所造的另外一个字"安",意思是家中有女则"安",古人早就看得明明白白了。

《易经》里也说,男人是山,女人是水,水为财。

一个家庭的幸福、和睦都与女人有着密不可分的关联。有个朋友打电话，说工作几年以来处处不顺，同事不愿意与他多交流，工作上也经常出错，不知道未来在哪里。我约他来公司聊聊。一见面，我在心里就想，就他这运气能好吗？刚30多岁的小伙子，胡子拉碴，头发都盖住了眼帘，衣服不合身，也明显不符合他这个年龄，一副老气横秋的样子。

我笑着对他说："你看你现在的样子，一脸的倒霉相，就不能刮刮胡子、换换衣服，任由自己邋里邋遢，一点也不注意形象。"

他还满脸的不服气："男人就该粗犷，这样才有男人味，再说了，我一个人收拾利索给谁看呢？"

看他没有想改变自己的意思，我也就没再多说，便安慰他，物极必反，否极泰来，再坚持一下，说不准好运就来了。

就在上周，刷到了他的朋友圈，整个人改头换面、精神焕发，头发梳得油光发亮，还打着发胶。再点进去主页一看，有好几张生活照，着装整洁规范，仪表端庄得体，脸上挂满微笑，颇有文人的气度，可谓"男人味"十足。

我调侃他："你这是要走运啊，都改头换面了。"他回复道："不瞒你说，恋爱了，遇到个好女人，都是她的功劳。"

还不到一年,因为自己的形象和气质的改变,现在他在工作上也是一帆风顺,与同事和领导的关系也融洽了,还当上了所在部门的领导。

所以说,女性常常能配得上一个"好"字,一个好女人,是男人的塑造者,她潜移默化地改变着男人的生活,也影响着男人职场上的态度和形象。

平时最关心老人健康问题的,大都是女儿,咨询孩子学业问题的,也大都是妈妈,在这一点上,男同胞还真的就不如女人。

《易经》里古代圣贤的智慧就是:天是阳,地是阴,男人是阳,女人是阴,一阴一阳谓之道,阴阳互相配合,生活才会和谐。当然,男女不是对立面,而是共同体,任何事情都不是绝对的。不过,在人类社会里,相比于男性,把"好"字用在女性身上更为贴切。

一个贤良淑德、有主见的女性,培育出来的孩子大多都很优秀,父母也在她们悉心的照料下,衣着得体、神采奕奕,长期与她们相处的丈夫,在事业上也会做得风生水起。所以,有一个好女人,是家庭最大的福气。

夫妻同心，其利断金

夫妻之间吵架，情绪不好不是理由，没有控制情绪的能力，才是根本原因。因此，夫妻吵架，双方一定要克制，不要触碰底线，否则不但影响夫妻感情，还会影响家里的好运气。

常言道，家和万事兴。夫妻一旦失和，万事皆衰，什么事业、财富、运气都会受损。只要夫妻齐心，再穷都能发家。

在婚姻中，只有两个人相互支撑，才能筑牢婚姻的根基。一个家庭的福运兴旺，不是用房子的大小来衡量，也不能用财产的多少来决定，而是取决于夫妻两个人是否同心。所以，最好的婚姻状态就是两个人共同努力，共同支撑起这个家。

有一对小夫妻经朋友介绍来拜访我。那天我刚到办公室门口，就听到里面传来吵架的声音，跟世界大战一样。从吵架内容来判断，应该是一对夫妻，因为孩子的问题在争执。男的认为女的太情绪化，不该对一个小孩发那么大火，毕竟孩子才五六岁；而女的则认为男的只知道在外面应酬，不管不顾家里，再加上孩子快上一年级了，目前学校还没找好。

我在外面听了一会儿，并拿出手机录下了他们吵架的样子。进屋后，通过朋友介绍，大概了解到：夫妻俩感情一直很好，虽然常有小争吵，但是没有太大的影响。但不知为何，最近吵架越来越频繁，而且一次比一次厉害，有时甚至会砸东西，两人感觉再这样下去，婚姻就快走到头了。

不得不说，他俩的这个认知还是很好的。出了问题，首先想到的是找原因，这也说明两个人是想解决问题的。

很多人都以为这种争吵只是图嘴上痛快，没有问题，但其实这种在吵架时脱口而出的恶言恶语，不仅会影响夫妻关系，还会影响家庭的运气。

就比如你喜欢吃苹果，但如果长期让你吃烂苹果，虽然不会死，但是会影响胃口，久而久之，就会让你对苹果产生反感，甚至对身体造成伤害。人也是一样，两个人如果一争吵就情绪上头,完全失控,彼此间只有攻击和伤害,那即使能和好也一定会留下伤疤。

最后,我将两人吵架的视频放给他们看,那种战争一样的吵架方式是多么可怕。两个人看了以后,纷纷表示,没想到自己吵架时面目会这样狰狞。

然后我给了他们一些建议:不要吵架,这样根本解决不了问题,有事可以想办法解决,比如分床、分房睡,或者一方出去旅游等。

如果非吵不可,那就制定一些不可触碰的红线,无论争吵多么激烈,都不能触碰底线,比如动手打人、辱骂双方父母、翻旧账等。这样尝试几个月,一定会有效果。

经过我的分析和建议,两个人也都认识到了自己的错误,并答应按照我给的建议去处理两人之间的矛盾。

大概过了三个多月,夫妻俩一起过来找我,还带了家乡的特产,说要感谢我的开导。

我问他们这几个月情况如何,男方说按照我的方法,不知是心理作用还是两个人开悟了,吵架的次数真的变少了。而且,自从两人不吵架后,家里的生意也越来越顺了,孩子也懂事多了,学校也定下来了。

如果遇到事情,两个人就会先想一下什么能说什么不能说,这样思考一圈下来,就会发现这架根本吵不起来,最后统统变成了"咬牙切齿"的聊天模式,虽然嘴上不痛快,但是没了那些扎心的话,心里也就不那么难受了。渐渐地,吵架变成了抬杠,抬杠变成了聊天,到现在,聊天又变成了商量,这真是一个很神奇的过程。

  其实,只要留心,我们就会发现,越是夫妻和睦的家庭,财运就越旺,财富的积累就会越多。如果一个家庭夫妻不和,那么这个家庭一定会越来越穷。大多数攒不住钱的家庭,往往就是这样,三天一小吵、五天一大吵,时间长了,再好的家也会被折腾散了。

第五章 家和万事兴

家庭和睦,从不吵架开始

家庭不安,百财不入。一个不和睦的家庭,人和财富你都养不住,所谓和气生财、家和万事兴,说的就是这个道理。

老话常说,一个家庭,夫妻不同心,夫妻失和,其家必败。如果夫妻俩每天你算计我、我算计你,那肯定有恶果,更别说留住财了。想要不影响家庭福运,让财气越来越兴旺,夫妻之间就不要吵架斗气,一旦家庭的祥和安宁环境被破坏,福运、财气就很难进来。

那么,夫妻俩怎样才能不吵架、少吵架,即使吵架也不影响夫妻关系呢?如果做到下面这几条夫妻吵架禁忌,即使偶尔吵架,家庭也会和睦幸福,财运亨通。

忌在外人面前争吵

夫妻在生活中难免磕磕碰碰,但要注意,不能在大庭广众面前争吵。有些问题在众人面前争吵，不但不能解决，反而会火上浇油。双方都要面子，在众人面前争吵，肯定不甘示弱，往往导致最终的局面难以收拾。

所以，要记住：在朋友和家人面前，要给爱人留足面子。你对爱人的态度，决定了别人对他（她）的尊重程度。如果你不在乎他（她），别人就会看轻他（她）。俗话说一个巴掌拍不响，要彼此认错，彼此宽恕。

忌在子女面前争吵

吵架时须避及子女，孩子是无辜的。夫妻吵架是两人的事，让子女看见父母吵架，轻则影响学习，重则在幼小的心灵里留下阴影，甚至影响长大后对婚姻的态度。

忌在对方生病或不顺时争吵

吵架也有一定的时间性。如果对方正在生病，或者情绪正低落，或者正处在工作不顺的逆境中，在这些情况下争吵，只会加深夫妻间的矛盾。

忌翻旧账

有些夫妻吵架喜欢翻旧账，比如对方以前犯过的错误，或者对方以前的恋人，这样会增加吵架的激烈程度，导致矛盾越来越深。这也是夫妻吵架最愚昧的行为。把陈芝麻烂谷子都抖搂出来，本来只是一点小事，结果越吵越复杂。

忌吵架时殃及对方家人

夫妻吵架时不要殃及对方父母和家人。吵架不能相互辱骂，更不能累及双方家人。辱骂对方家人最为严重，绝对要戒掉。尊重配偶的家人，将心比心，同等尊重双方的父母，爱屋及乌。你真心对待对方的亲人，对方也会从心里感激你，会更爱你。

忌吵架时砸东西

吵架时不要乱砸东西，吵架本来声音就高，再加上稀里哗啦砸东西的声音，这不仅会吵到邻居，吓坏孩子，而且摔碎的东西都是自己花钱买的，那一地狼藉还得自己打扫。有理不在声高，吵架时也要讲风度，乱砸东西只会让两颗原本爱着的心更加支离破碎。

忌说伤害对方的话

吵架时经常口不择言，也常会拿自己的妻子/丈夫和别人做对比：你看别人的丈夫多能干，你呢，可真是个窝囊废！你看人家的妻子多贤惠，你呢，什么都不行！这些话只会摧毁对方的自信心。

忌以死相逼

有些夫妻吵架，动不动就说：我活着还有什么意思？我不想活了！我死给你看！以死来威胁对方。这是很愚蠢的做法，吵架时最好不要说这种赌气的话。

忌动手打人

吵架时千万要管好自己的手，即便是在气头上也要有最起码的控制力，一个巴掌上去，也许打掉的是多年的恩情，带来的是双方的不堪。动手触及的是皮肉，伤的却是心灵，皮肉伤好治，心上的裂痕却难以修补。

不要轻言离婚

两个人走到一起组成家庭不容易，离婚两个字不要轻易说出口。尤其在争吵的时候说离婚，由于冲动，难免会做出错误的选择，让自己后悔一生。离婚是非常敏感的词，轻率地提及是很危险的，很容易撕裂夫妻间的感情纽带。

夫妻之间和谐，才会经常有好运，因为一个家庭仅靠一个人是很难过好的。

一个家庭，丈夫再能干，如果碰上一个好吃懒做的媳妇，日子怎么也难过好；妻子再精打细算、勤俭持家，如果碰上一个吃喝玩赌的男人，再大的家业也会败光。

因此，最好的婚姻状态就是你懂我的赚钱不易，我体贴你持家辛苦，两个人劲往一处使，日子才能越过越顺。

人到中年，兄弟姐妹之间怎样相处

人性经不起利益的考验，感情迈不过金钱的门槛，手足之间减少利益往来，才是最高明的相处之道。兄弟姐妹的付出，我们要懂得感恩；兄弟姐妹的远离，我们要放平心态。

父母都希望兄弟姐妹相亲相爱、相互帮扶，成为这世上最亲密的人。但实际上，年少时兄弟姐妹亲密无间，长大后却并不一定。

虽然父母的初衷是好的，但每个人的性格不同、际遇不同、选择不同，这就决定了成年后各自的生活及三观也不尽相同。年轻时兄弟姐妹之间的矛盾并不突出，真正摩擦较多的是进入中年以后。这个时期各自都已成立了家庭，而父母也日渐衰老，因为各方面利益的关系，兄弟姐妹的相处会变得微妙起来。

如果留心就会发现，以前那种兄弟姐妹之间的感情正在逐渐变淡，即使一年见不到面，也很少互相打电话、发信息。如果父母在世还好，若父母走了，只要没有什么大事，兄弟姐妹之间也很少往来。想想都有点让人心酸。

有时候，会觉得这种"血浓于水"的关系甚至不如朋友亲密，那种亲密无间的感情，好像只是停留在原生家庭时期。其实，这一切都是有原因的，这也是大多兄弟姐妹会疏远的真相。生活环境不同，差距拉开了彼此的关系。

人到中年以后，无论事业还是家庭基本都已稳定，有的过得好一些，有的过得差一些。现实生活中，不少兄弟姐妹之间渐渐疏远，最重要的原因之一就是经济条件和社会地位的不同。经济差距过大、社会地位不同的人，思考事情的角度不同，即使凑到一起也很难有共同语言，说多了反而尴尬。

那么作为中年人，兄弟姐妹之间怎样才能和睦相处，助运祈福呢？我认为做好下面这几件事就行了。

不干涉对方的家事

小时候兄弟姐妹一起打打闹闹，相互指出对方的错误和缺点，本属正常的事情，谁也不会记仇。但对于中年人来说，家庭、孩子才是生活的重心，自家的事都操心不完呢，就别去插手干涉别人家的事。

兄弟不共财，共财不往来

兄弟姐妹之间很多时候之所以关系疏远，彼此之间有了矛盾，甚至结了仇怨，大多数都是因为钱财。在金钱的面前，人性都会无所遁形，我们会发现很多自认为深厚的情谊，在钱的面前根本不堪一击，亲情也不例外。

很多人做生意、办企业，都会选择和自己的亲人一起做，本是想着一起致富，最后却因为金钱而闹得四分五裂，最后不但没赚到钱，反而弄丢了亲情。越是亲兄弟，越是需要明算账。所以，兄弟姐妹之间少一点金钱往来，反倒对大家都有好处。

赡养父母，共同商量

人到中年，父母也差不多进入了晚年，养老也是一个现实的问题。如果是独生子女家庭，养老的任务会责无旁贷地落到一个人的头上。而多子女的家庭，由谁来赡养父母，就成为一个比较头疼的问题。

兄弟姐妹要共同商量父母养老的问题，制定出尽可能顾及每个人的计划。如果遇到一些特殊情况，比如工作忙脱不开身,需要别的兄弟姐妹多出一份力,那么自己也要把金钱给到位。不要因为眼前的一点小利益,导致兄弟姐妹之间拉仇恨、闹矛盾。共同解决好父母的问题,有钱出钱、有力出力,这样对大家都好。

人到中年要明白,兄弟姐妹间最舒服的状态是熟不逾矩、和而不同,亲而有间、密而有疏,这样才能美美与共。

兄弟姐妹,血脉相连,本该是我们最亲最近的人,但有时候真的会因为利益反目,因为争吵疏远。这个时候,我们一定要多记恩情,少记仇怨,即便不能成亲人,最起码不要成仇人。如果对方伤你太深,我们保持距离就好;一些鸡毛蒜皮的小事,我们笑着宽容就好!

如何提升运气：好运气是自己给的

婆媳不和，丈夫该怎么办

婆婆与儿媳妇没有任何血缘关系，让她们在一个家里长时间地和平共处，还要达到一种水乳交融的地步，这本就是件难事。如果这时丈夫不作为，那就会造成扭曲的婆媳关系，变成悬在婚姻头上的一把利剑。

现实中很多原本恩爱的夫妻，最后都败给了婆媳关系。一段走入婚姻殿堂的亲密关系，不管各自愿不愿意，都要开始一段婆婆、媳妇与儿子的三角关系。

"与婆婆关系不好，丈夫又不闻不问，我该怎么办？"一天，小薇哭着来找我。哭诉自己与婆婆相处不来，丈夫又不作为，想要离婚。小薇说，起初婆媳关系还算不错，渐渐地婆婆开始插手她和丈夫之间的家庭琐事，为一些鸡毛蒜皮的事经常发生冲突。由于丈夫每次都站在婆婆一边，因此造成她与丈夫之间的矛盾也不断升级。

婆婆认为儿子即使结了婚也是自己的儿子，自己操心是为儿子好，媳妇总是乱花钱，不会打理家庭，自己忍无可忍。而小薇认为，结婚是两个人的事，她与丈夫既然已经有了自己的小家，婆婆就应该尊重，不应该过多干涉，而且每次发生矛盾，丈夫都在一旁不闻不问，有时候干脆躲到别的地方去。

我给她分析了婆媳关系不和的原因，无非一些鸡毛蒜皮的小事，大家的目的都是为了这个家庭好，之所以会发生矛盾，主要是丈夫不作为造成的。

我建议她回去后跟婆婆商量，夫妻俩每个月拿出2000元钱作为孩子的教育基金，这笔钱由婆婆保管。而她自己则减少一定的非必要支出，把钱存起来。这样既可以理性花钱，又能把钱用在正确的地方上。

一个月后，她来跟我反馈，说跟婆婆的关系好多了，目前她也找到了一份工作，可以补贴家里，婆婆看她出去工作赚钱很辛苦，不但包揽了所有家务，还对她嘘寒问暖。

婆媳关系缓和不少，但有时吵起架，老公还是不作为，这让她非常头疼。后来，她又把丈夫许先生带过来，通过聊天，可以看出许先生是个明理的人，也理解妻子的难处和母亲的苦心,至于每一次的不作为,则是因为他真的不知道该如何处理这个问题,他觉得偏向谁好像都不对。

许先生的这种"无计可施",也是大部分丈夫的常见问题。很多男人在面对婆媳问题时,往往会用"谁对就支持谁,谁错就批评谁"的方法,其实,这是不明智的做法,因为家不是法庭,而是一个讲感情的地方。

看着许先生"一头雾水"的样子,我直接告诉他:如果再遇到母亲和妻子吵架,首先,一定不要两头传话,无论是她俩谁说的话,都要烂在肚子里。其次,要学会在这两个女人之间做好"黏合剂",勇于去做"恶人"。在母亲面前,可以把事情揽在自己身上,说是自己让妻子这么做的。在妻子面前,闭口不提母亲的看法,只管去哄妻子,其实有时候女人特别简单,只要说点好话,让她知道你理解她的难处,她就特别开心了。然后,将做好人的机会留给妻子。

比如买东西孝敬父母,或者能讨母亲欢心的事,都说成是妻子的功劳和心思,即使是自己做的,也要告诉母亲是妻子的心愿或建议。

如此一来,大部分婆婆会觉得媳妇明事理,体贴又孝顺,"吃人嘴软,拿人手短",自然不会对儿媳计较那么多,但对儿子的爱却不会减少分毫,甚至会为儿子娶到这么好的老婆感到自豪。

作为丈夫,平时可以主动地帮妻子承担一些家务,比如一起做饭、一起收拾屋子,这样不仅可以提高妻子在婆婆心中的地位,还可以促进夫妻感情,何乐而不为呢?长此下去,婆媳关系自然和谐,身为丈夫和儿子,处在中间也会轻松很多。

心理学家李玫瑾说过:婆媳矛盾频发的根本原因,就是作为儿子和丈夫的不作为。我解决过几千例的婚姻问题,其中有40%都是婆媳不和造成的,而在这些婆媳问题中,又有80%是因为丈夫的不作为造成的。

想要处理好婆媳关系,其核心就是婚姻中的丈夫,丈夫的行为决定了家庭中的婆媳关系。如果在两者发生矛盾时,丈夫在中间无法起到调和的作用,那么事态往往就会越发严重。

如何提升运气：好运气是自己给的

宽容，让家变得更和谐

上善若水，水利万物而不争，女人要柔弱似水；无欲则刚，有容乃大，男人有多大的肚量，就能成就多大的事业。所以，作为妻子要柔弱似水，作为丈夫要胸怀宽广，不能斤斤计较。

要想避免夫妻之间的摩擦，避免不愉快的事情发生，就要学会少点争吵、多点沟通。在发生争执的时候，千万要避免过激的言语和举动，试着把问题冷处理，等双方都心平气和的时候再慢慢地沟通。特别是作为丈夫的一方不要擅自做主，凡事多商量。不管多大的事，双方商量过了再做，让对方都能感觉到自己的重要性，从而增加对方对这个家的责任感。当要求对方做某件事，对方却无动于衷，故意不理睬的时候，千万别发火。自己动手去做，做完了再和对方理论。

有你的宽容,朋友们就会乐意和你在一起;有你的宽容,爱的人就会感觉到你的温情;有你的宽容,孩子就能品味出爱的真谛;有你的宽容,家里就会充满温馨的气氛。

柳青结婚十多年了,如今家庭幸福,事业有成,让同事好不羡慕。

当同事向柳青讨教婚姻的成功秘诀时,他总会一脸灿烂地说:"其实也没什么秘诀可言,就是'退一步海阔天空,让三分心平气和'而已。"

在刚刚结婚的时候,柳青也是一个事事要求苛刻的人,不但对妻子李娟指手画脚,而且稍有点差错就指责训斥,对李娟的优点却置若罔闻,恋爱时的甜蜜荡然无存,李娟对他都有了一种恐惧心理,对婚姻也产生了厌倦。而柳青整天为家庭的琐事缠绕,事业也毫无起色。

有一次,在外出旅行时,柳青无意中对一位老大爷说出了自己的苦恼。却见老大爷微微一笑,指着窗外一闪而过的金黄色稻田,说道:"知道它们为什么低着头吗?"柳青脱口而出:"因为它们都成熟了!"话一说完,柳青若有所思,突然明白了老大爷的意思。

回家之后,柳青像变了一个人似的,对妻子的小错误只要不是原则性的，都既往不咎，对妻子的要求和倾诉都虚心听从。他经常告诫自己："像成熟的稻谷一样，男人要大度地低下自己的头。"在这种思想的指导下，每当李娟做错事的时候，柳青都会大度地拍着她的肩膀说："没关系，老婆，下次注意就好了！"

就这样李娟恢复了对婚姻的向往和憧憬，更加体贴丈夫了。说来也神奇，自从夫妻俩不再为鸡毛蒜皮的小事争吵后，柳青的心情大变，事业也渐渐有了起色。

有人说婚姻如饮水，冷暖自知。不管年轻时有多么桀骜不驯，最终都要步入婚姻的殿堂，和另一个人开始过一种新的生活。从一个人无拘无束到每天面对油、盐、酱、醋、茶，少了恋爱时的浪漫和相互之间的温存体贴，这时候什么缺点都暴露无遗。面对生活的种种不如意，抱怨在心中一点点地聚积，于是，夫妻之间开始了批评，开始了责备，婚姻也开始进入一个怪圈，越是期待什么，就越感觉失望，越感觉失望，就越不停地抱怨。

生活中，大多数夫妻都有过争吵，但不要把太伤人的话说出口，夫妻没有隔夜仇，多想一想自己是否做得不好，少责备一些对方的过失，心态就会平和很多。在丈夫拉着脸不高兴时，想着也许是工作上不顺心，也许是生活上压力太大，这时，默默送上一杯茶和温馨的笑容，让他感觉外面再大的风浪，回到家也就像小船驶进了港湾。当妻子心情不好时，也许是孩子太调皮，也许是婆媳关系没处理好，这时，不妨上去抱一抱，安慰一下妻子受伤的心灵。

一个幸福和睦的家庭，需要女人做好自己的本分，也需要男人担起自己的责任。处理好家庭关系，夫妻双方和睦，那么事业、财运自然不会太差。

如何提升运气：好运气是自己给的

用赞赏的眼光，去挖掘生活中的美好

夫妻之间，如果始终怀有一颗感恩对方的心，两个人就能相互搀扶白头偕老！有时我们的婚姻一地鸡毛，只是忘记了自己需要包容。只要我们重新审视自己，换一种方式看待另一半，就会发现幸福原来离你很近。

夫妻间要常怀感恩之心，感恩对方的付出，平时也就能够宽而待之了。能够感恩别人、包容别人的人，是快乐的，同时也会感染周围的人一起快乐。

其实，婚姻就像花一样，是非常娇嫩的，它需要耐心地呵护和栽培，每段婚姻都不可能十全十美，难免有不尽如人意之处。如果只是一味地索取、抱怨，只能加重相互间的隔阂和反感，形成恶性循环，最终让彼此都觉得当初真是"因误会而结合"。两个人走到一起应该相濡以沫，多用赞赏的眼光去挖掘婚姻生活中的美好，使之焕发出绚丽光彩。

我有一位朋友，拥有上千万元的资产，在一次朋友聚会上，主持人请他发言，让他讲几句自己的成功经验。他拿起话筒声情并茂地说："我成功的重要原因之一，是我有一个非常能包容我、原谅我、心胸宽广的妻子。没有我妻子，就没有我的企业，也没有我现在拥有的一切。"十几年前，这位朋友在别人的怂恿下迷上了赌博，把家里所有的钱都输光了，所有的亲戚都指责他，而且还劝他妻子与他离婚，他也觉得对不起妻子。他认真地对妻子说："老婆，你离开我吧！找一个比我好的，现在你跟着我只能过苦日子。"妻子认真地回答说："这时候我不帮你，谁帮你？只要你能改过，再大的困难我和你一起扛。"他拍着胸脯说："我一定改。"妻子说："只要你有悔改的决心，我帮你去筹集资金。"在妻子的扶持下，如今，他已经成为一位成功的企业家。他经常说："我妻子心胸宽广，对我恩重如山，我不能对不起她！"

生活中，我们要学着接受彼此性格的差异，因为夫妻性格完全相同的几乎不存在，急性子与慢性子各有各的好处。认识到了性格的不同，心里就有准备去接纳对方、容忍对方，从而用自己的优点去影响对方、感化对方，这样才能达到双方处理问题上的统一和感情的和谐。

怀有感恩之心,就会原谅对方犯的错误,允许对方犯错误,这是婚姻美满的关键。夫妻双方哪有不犯错误的呢?夫妻之间无论谁犯了错误都不可怕,怕的是改正错误的大门被你无情地关上,因此婚姻幸福的大门也就无法开启了。夫妻一方犯了错误,可以提出来,但一定要考虑对方的心理承受能力。采取生硬、简单粗暴的办法,只会把问题激化。

一次朋友聚会,我和小周一起打了一辆车过去,下车后,小周发现手机掉在车上了。我赶紧联系出租车公司。这时小周的妻子见我们还不进去,就从包间走了出来,当她得知小周的手机落在车上时,大声嚷道:"你这人总是丢三落四的,跟个孩子似的,家早晚得让你丢光,气死我了。"她这么一嚷,小周的面子挂不住了,转身就走了。估计回家后又免不了大吵一顿。

夫妻之间怀有包容的心,就不会因为一些鸡毛蒜皮的琐事而发生吵闹。比如夫妻俩的生活习惯不一样,既然不一样,就会有差异,如何对待差异就是一个艺术问题了。假如丈夫怀有感恩的心,感激妻子勤劳操持家务,也就不会计较生活中的一些琐事了。相反,如果没有感恩之心,就会天天因为吃馒头还是吃米饭之类的事争吵个没完没了，好像不吵就没法吃饭似的。

相互尊重是夫妻间和睦相处的前提，更是幸福婚姻的基础。妻子能包容丈夫的缺点，丈夫能原谅妻子的错误，就是一种最纯朴的爱。

有没有包容心，对于人的幸福感影响很大，只要把包容之心装在脑子里，幸福就会一个接一个地出现。当你用善意的眼光看别人，你看到的就是美好，世界都是好的、和谐的。同理，夫妻生活在一起，经常怀着一种包容之心看待你的爱人，多想一想爱人的优点，幸福也将永远留存。

第6章

好人缘，才有好未来

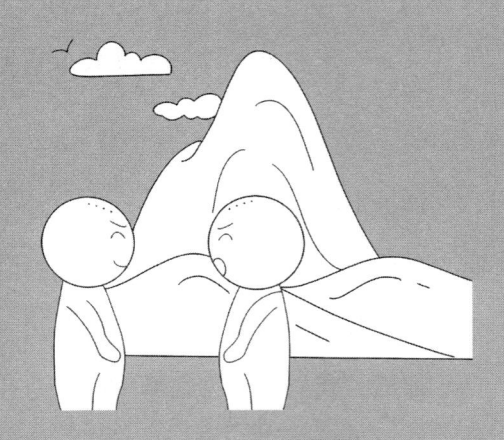

俗话说，先做人再做事。一个人能走多远，今后能成就多大的事业，和个人的为人处世是分不开的。人缘好的人一般说话有分寸，做事留余地，对周围的人带着善意。人品越高，人缘越好，机会就越多。

如何提升运气：好运气是自己给的

你为什么总是遇不到"贵人"

人这辈子要想成功，少不了贵人的相助。从古至今，所有建功立业的人，他们的人生轨迹都会有一个共同点，那就是在人生的关键时刻总有贵人冒出来，拉他一把。那么，你的贵人在哪里呢？

所谓的"贵人"其实就是那些有正能量、有智慧、有眼光，能给予你帮助的人，也许他们的一句话、介绍的一个人，就改写了你整个的人生轨迹。

那么，我们的贵人在哪里呢？为什么我们还没有遇上自己的贵人呢？

大家一定听说过一句话：你是谁就会遇见谁。

遇到欺负你的人，是因为你的软弱；遇到出卖你的人，是因为你的轻信；遇到践踏你的人，是因为你的卑微。同理，遇见欣赏你的人，是因为你的优秀；遇见愿意帮助你的人，是因为你的人品。

《论语》里有一句话：德不孤，必有邻。意思是优秀又有才德的人，一定会有志同道合的人与他做邻居。

要想遇到贵人，首先得有才有德。只有那些甘于付出、不图回报、敢于担当的人，说话做事让人放心踏实，才能感召贵人。

我的老师说过一句话，对我影响特别大：你有没有在成长，就看是你求别人多，还是别人求你多！虽然说谁都喜欢被别人求，不喜欢求人，但细品一下，当你被别人求的时候，你只是在输出，而一个人要想成长，就必须有输入。而求人，不管是求教还是求助，都是一种输入。从更深的层面上讲，"求"还是一种自我"暴露"，暴露自己的需求，这也是在给贵人"施恩"于你的机会。很多时候，贵人的相助，就是发生在你暴露了自己的需求、意愿之后。

要知道这个世界上没有无缘无故的爱，就连父母爱子女，都是因为"这是我的孩子"。一个人之所以帮你，助你成长，带你发财，给你介绍人脉和资源，大概率是因为他看到了你的需求，或者说看到了你的优势和潜能，帮助你，可以为他带来一定的利益。这才是有贵人相帮的底层逻辑。既然你想得到贵人帮助，就必须向贵人展示你的需求或者价值。

如果不把自己的东西拿出来让别人看到，又怎么去验证它们究竟有没有价值？别人又怎么知道你拥有什么、需要什么、能提供什么？

如果想要得到贵人的帮助，就要让贵人知道、了解你，而不是被动等待贵人的帮助，不是所有的贵人都会无条件地帮你的。

所以，适当地表达自己的意愿，想被提拔、想获得资源的倾斜、想获得机会……你是怎么想的就怎么说，别耍小聪明让贵人猜，贵人可没那么多时间猜你的小心思。

说到贵人，大家第一反应一定是能给我带来利益的人、或钱、或权势、或资源，这是一种功利心，在你认知范围内的功利心。而贵人之所以叫贵人，他一定是会让你见识到你认知之外的东西的人。但相对地，有时我们的心境会被当下的功利心困住，一味地认为贵人来了，钱就来了，我就不用愁了！其实，这样反而会把你锁死在一种低维交易里。

所以，若是你想让贵人前来相助，就要想清楚对方的需求，对方需要什么样的人和价值，而你能提供什么样的价值。当这一切匹配时，对方就是你的贵人，只需要投其所好就行。

只有当你忘掉自己的功利心，才有可能遇到一个真正带你更上一层楼，去上面看风景的贵人。都说"佛度有缘人"，同样，贵人也是如此，他只会帮助那些做好准备的人。一个人要想遇到贵人，就不应该漫无目的地胡思乱想，也不要傻傻地苦等，而是应该认清自己，努力地提升自己。若是你自己没有准备好，那么就算遇到贵人，也注定会错过。

如何提升运气：好运气是自己给的

如何才能出门遇"贵人"

其实，贵人运是否旺盛与每个人的努力程度有关，我们可以通过努力来提升自己的交际能力，让"出门遇贵人"这一美好的愿望，照进现实。

不知道大家有没有这种感觉？身边有些人做起事来特别顺，遇到什么困难，总是有人能够帮上一把，他们也许能力不高，但运气是真的好！反观自己，就像孤军奋战一样……虽然我们常说"万事靠自己"，但如果遇事能有贵人相助，确实可以更顺畅一些。

有的朋友可能会说：遇贵人这事，也不是我能决定的，别人能遇到那是命好运气好。其实不然，贵人运是可以培养的。那么，我们怎样才能培养自己的贵人运呢？

我们常说"出门遇贵人"，这句话的关键点就在"出门"两字上。从表面字义来看，如果你想要遇贵人，有贵

好人缘，才有好未来 第六章

人帮助，你得先走出家门，走运就是你得先走出去才有好运。有的朋友天天待在家里，大门不出，贵人总不会从天而降吧？

其实我们大部分都是普通人，家境普通、长相普通，没有人脉、没有资源，只有靠自己奋斗。我们常听到"寒门再难出贵子""圈层已定，无须挣扎"的话，确实，我们一生下来，每个人的起跑线是不一样的，有人富贵，有人贫穷，不同的出身会有不同的圈子，如果你的圈子很窄，认识的又都是一些能量不高的人，那么基本上是很难遇到贵人的。

有一位河南的朋友齐先生，人特别内向，不善言辞，一直生活在不多的几个发小和战友的圈子里，平时交流、吃饭也只是在这些人中间不停地切换。

齐先生本身很有才华，特别是写作能力，曾经拿过全国散文征文比赛二等奖，按照他的能力，找个与写作相关且比较好的工作不是难事，可十几年来，他只是在药店算账，一个月3000多元，父母和战友都劝过他，也给他介绍过很好的工作，可他都一一拒绝了。

我问他原因，他说："一想到要接触新的人、新的圈子，就有点害怕。"

我又问他:"那你想不想生活得好一点?"

他沉默很久,说了一句:"想呀。"

其实很多人都像齐先生一样,想要更好的生活,又害怕改变现有的生活和圈子,这样的情况不能说完全遇不到贵人,但概率真的很小。因为大部分贵人,他的认知、能力、层级、圈子,都是在你之上的,想要接触到他们,就需要突破自己的圈子,进入或者接近贵人的圈子。

大家可以思考一个问题,如果你是贵人,你会帮助什么样的人?

这个世界上没有无缘无故的恨,也不会有无缘无故的爱,大部分的贵人愿意帮你,更多的是看到了你的价值,以及你可以回馈给他的利益。当然,这些价值有的是马上能够兑现的,有的是需要长期培养才能收获的,但无论是哪种价值,都是贵人帮你的前提条件。

有的人得到了贵人的垂青,大家可能会说"你看,他的运气真好",我们不否认这里面确实有运气的成分,但更多的是这个人真的有实力、有才华,贵人知道帮助他以后,自己一定会有更大的收益。

我的朋友大雷,以前是个普普通通的上班族,他自身能力挺强的,各种证书一大摞,理想也有,干劲也足,可就是有点怀才不遇，十几年干了六七份工作，不是公司倒闭了，就是在底层做小职员。

在我的建议下，他辞去了原来的工作，出来自主创业。一开始因为没有资源，没有人脉，他碰了很多壁，订单一个都没有，后来他想了一个办法，只要是有联系方式的客户，他就逐个加微信，告诉对方自己有什么能力、能提供什么价值，还免费给人做项目。

后来，一个合伙人与他合作了一个项目，却因为合伙人不靠谱，导致项目没有拿到钱，正在他感叹自己倒霉的时候，这个项目中的一个供应商主动联系他，说想与他合作。自此以后，大雷靠着与这个供应商的合作，把公司从十平方米做到了几千平方米，从一开始就他一个人，发展到现在几家公司几百个人。

一时有贵人，可能是运气；一直有贵人，一定是实力。所以，如果你想得到贵人的帮助，起码得让贵人看到你的潜质在哪里，以及你手里有多少筹码。

如何提升 运气：好运气是自己给的

跳出圈层，远离负能量的人

人活着，不在于经历的风景多美多壮观，而是在于遇见了谁，被谁温暖了一下，然后希望自己有一天也能成为一颗小太阳，去温暖别人。余生不长，远离负能量的人，多靠近正能量的人，就会变得阳光开朗，将每一个平凡的日子过得活色生香。

身边总是有一些不好的人在针对自己、影响自己，想远离却远离不了！其实，面对负能量的人，我们认知里面的远离，是无法解决本质问题的。

因为有些关系太亲近了，或者说与这些人一直在同一个圈层里，距离拉得再远，也逃不掉，总是不可避免地会再遇到这些人，难道这辈子都要想着如何远离他们吗？那样太累了。

别人不说，反正我的心性是：凭什么是自己要远离他们？人与人之间的距离是相对的，我可以离你远一点，自然也可以让你离我远一点。可能有的朋友会说：那些对你有敌意的人难道会听你的话，自己走开吗？

当然会，不过我们要先明白这里面的逻辑是什么。

为什么那些人会针对你，给你带来负能量？

东野圭吾在《恶意》里写道："有些人的恨，是没有原因的，他们平庸，碌碌无为，没有希望，于是你的天赋、你的上进、你的善良，都成了原罪。"

很多人的身边，都有这样的人，他们可能是家人，可能是朋友，可能是同事、老板，甚至可能是网络上什么都看不惯的键盘侠。

其实，这个世界上没有几个人是真心希望你好的，这话虽然扎心，但却是事实。很多人都是见不得别人好的，就连我们自己也会有这样的心思，所以说别人对你的打压和贬低，不是因为你比他弱，恰恰相反，是你比他强，哪怕只是比他强一点点。

这就是有意思的地方，也是解决问题的关键。

如果我问大家会嫉妒全球首富吗，我想大部分人都是不会的，因为他"距离"我们太远了；但如果我问你会嫉妒身边和自己差不多水平或者略高一些的人吗，很多人的答案估计是会的,因为大家在同一个圈层里。

《易经·同人卦》有云:天与火,同人;君子以类族辨物。任何人或事,只要处在同一圈层里面,就都同时具备同一性和斗争性,只有跳出这个圈层,同一性没了,也就不会再有斗争性。这是心理层面的远离,比距离上的远离更重要。

当你的强度超过这些人所处的层次以后,那么想要逃避远离的就会是他们,你的世界不会再关注这些人,他们也没勇气再关注你,就像你不会嫉妒世界首富是一样的。

明白了这个逻辑,你就能明白我所说的"如何让不好的人自动远离你,而不是你远离他们"。

当然,想要跳出已有的圈层或者进入更高的圈层,不是一件容易的事,需要用一个"反叛者"的姿态与自己"对抗",记住,是与自己"对抗"而不是与别人。

这里所说的"与自己对抗"其实就是"干掉"躺在舒适圈的自己,冲破目前的圈层,当你冲出现在的圈子后,那些负能量的人,即使想靠近你,也会被拦在圈子的保护层外,这就像是一个满身冰雪的人,在进入温暖的太阳光圈内,身上的冰霜会自动被融化掉。

那么,具体该怎么做呢?

首先，不被他人的评价所左右。

充满负能量的人，通常都是通过评价贬低别人，来满足自己的优越感，但这些评价都是主观的，就像曲面镜，反映出的都是扭曲的事实。

但其实，我们的行为才是真正的镜子。人是意识不到自己行为的好坏程度的，只有对照镜子，我们才能看得清。所以能左右我们的应该是我们的行为这面镜子，而不是别人的曲面镜。

其次，试着从这些充满负能量的人身上认清自己。比如当看到讨厌的人身上出现跟自己相同的不好的习惯时，这是我们最有动力改变自己的时候，因为你一定不想变得跟他们一样。

最后，永远不要把关注点放在别人身上。我们要时刻关注自己，不断提高自身的价值。不要每天盯着那些针对你、打压你、影响你的人。

如何提升运气：好运气是自己给的

人生苦短，远离消耗你的人

总有人羡慕那种纸醉金迷的生活，殊不知，身在名利场，最难守的是淡泊，身累心也累。人生苦短，远离不必要的人和事才是明智的选择。

我以前是做影视传媒行业的，每天不是游走在各路投资人的酒局上，就是奔波在出席各种行业大会的路上。总有人说，真羡慕你啊，遍地都是朋友！随着年龄的增加，也看透了一些事情，这两年，我主动断掉了之前的人脉和资源，无他，就想图个心安。

人到了一定年纪，生活一定要做减法，远离没意义的酒局、不爱你的人、看不起你的亲戚、虚情假意的朋友。因为这才是真正消耗你时间和自由的东西。

我会时刻留意并远离下面的这三类人。

第一类人：与他在一起莫名其妙地感觉累，而且不出成绩

我有一个表叔，从事家装行业，他干了十几年，经验很丰富，但是却没有人愿意跟他一起干活儿，更没有人愿意在他手下做学徒。

他干活儿的时候，要准备好所有的工具，但奇怪的是每次干完活儿，用完的工具就随手一扔，等再要用的时候开始到处找。之前有学徒的时候，他会让学徒帮他找，找到之后他又不用了，也不会提前说。

只要他在装修现场，总是能听到他在那喊："把扳手找一下拿给我""把螺丝刀找一下拿给我"……他能把你使唤得满工地跑，找到了他又不用，或者用了，过一会儿又找不到了。做事也不规划，经常一件事做了一半，又推倒重新开始，一个简单的活儿，能把人折磨得筋疲力尽，最后还完不了工。

其实在我们的生活中，一直存在这类人，永远不知道自己在干什么，总是想起一出是一出，到最后做的事情很多，但成事的很少。

第二类人：嫉妒和抱怨的人

这类人不希望你进步，也见不得你好，他们会死死地拉住你，让你和他一样陷在泥潭。

他们会给戒了烟的人递烟，给戒了酒的人劝酒，他们会用真实或杜撰的经历来打压你，看起来像是在测试你的决心，其实更多的时候是想要阻挠你。

他们会因为嫉妒你的努力和成功而不再支持你，甚至伤害你说你坏话，以证明你的成功没什么了不起。

第三类人：懒惰和愚蠢的人

这类人对新的知识和模式完全抵触，喜欢把脑子里固有的那套思维奉为真理，平时设有极强的防备心，总觉得谁都要加害于他。

他们满脑子都是想法，但从来不行动，比谁都能说，但从来不做；面对别人的成功，他们总会归结于对方的出身或者运气好，而对于自己的失败，又总是归结于大环境不好。

这类人还特别容易被骗，而且往往是那种一看就知道是骗局的项目：交 999 元，一个月让你赚 100 万元，或者零投资，只要你敢行动，半年赚 1000 万元。

你跟他说这是骗局，他不仅不相信你，还会觉得你这是嫉妒羡慕他才这么说，就是看不得他好，不想让他赚钱，挡了他的财路。

如果你身边有这三类人，要尽早远离，能不接触就不接触。因为他们不仅坑自己，还会把身边的人带进坑里，越亲近的人、越相信他的人，被坑得越厉害。

一个人在社会里，不可避免地要和其他人打交道，想要成长得更快，除了要有外在的助力，还要减轻自身的阻力。朋友、亲戚不是越多越好，想要更快地成长发展，需要的不是吹捧说好话的人，而是引路人。

君子和而不同，小人同而不和

人与人之间无论是关系亲密的还是生疏，总会有一些共性的东西，多找一些双方都喜欢和接受的事物，并把这些"相同"扩大，多追求共同、共有、共知、共情，总不会有错。

人只要活着，就免不了与人相处，与人相处，不管你们关系如何，免不了有一些磕磕绊绊。相处不和谐，无非是观点不同、想法不同而引起的"谁也不让谁"，最后问题得不到解决，还闹得彼此不愉快。

对于人与人的和谐相处，《易经》中是这样说的：君子以同而异。说得简单点，其实就是求同存异，寻求彼此的共同处，保留彼此的分歧。如果能做到这样，人与人之间就趋向和谐了，互相的益处也达到了最大，这样的局面就是共赢。

人与人之间的关系能够越来越好，往往是因为"同"的地方越来越多。比如你参加聚会，跟一个人聊天的时候发现对方居然是你的同学、校友、老乡，或者说你们有着同样的兴趣，都喜欢同一个偶像，亲近感顿时就会油然而生，因为在你们身上有共同的东西存在。

无论是对事，还是对人，大家都是喜欢"求同"的，因为"求同"可以增加自己的自信心，"啊，原来大家也是这样做的、这样想的，所以我这么做是对的……"不同的人身上所拥有的相同的东西可以拉近彼此的关系，所以我们要把这种"相同"扩大。

暂且放下不同的地方，去追求彼此之间相同的部分。现实生活中，大部人都能做到"求同"，却很难做到"存异"。大家的理解、包容更容易让大家趋同，却不一定能够保留这个"异"。

但是说实话，往往这个"异"会让我们更好地辨别事物的本质，保持做事的清醒和公正、合理。当然，"存异"并不是让你接受别人的想法、采用别人的建议，而是暂时先放下自己的个性，允许他人有和自己不同的想法出现，并且不站在自己的角度去随意批评、贬低和否定。

每个人的出身背景、所受教育、人生经历都不同，这些不同的自然属性，决定了人与人之间的认知也一定是不同的。有的人看到别人把主卧室的洗手间改成衣帽间，可能会说：家里多一个洗手间不好吗？这不是有钱没地方花了吗？

但有没有可能是这间屋子的主人比较注重外表，天生就爱打扮呢？对于他来讲，一个独立的衣帽间远比两个洗手间更重要。

强制别人完全与自己的想法一样、完全按自己的意志行事，这既不可能，也没必要。人与人交往，关键是要学会求同存异、和而不同。

我有一个朋友，自己开了一家公司，手底下有几十位员工。这个人非常固执，认准了的事情，别人很难改变。公司刚起步那会儿，他看上了一个近百万元的投资项目，很多人都觉得有风险，投了反对意见，然而他却坚持己见，结果赚到了第一桶金。

当初那些不赞成的人，担心会被他责怪没眼光，但我的这位朋友却给他们每人发了一个大红包。用他的话说就是：我这人虽然不爱听劝，但也不会拿自己的事业开玩笑，那些反对我的人，是为了公司不受损失，我如果不让他们有不同的意见，那以后谁还敢讲真话。

保留自己的个性，同时也允许别人提出不同的意见，这就是"存异"的本质，也是人与人之间和谐相处的基础。当然，别人尊重和理解你的个性，不代表你可以任意放纵自己的行为而完全不顾及他人，你需要部分忍让，并尊重和理解别人的个性。

常言道"君子和而不同，小人同而不和"，意思是君子讲求和谐而不同流合污，小人只求完全一致，而不讲求和谐。所以从某种意义上来讲，求同存异其实是对自我的约束和要求更多一些，是要求自己能够共情、同理和包容，是约束自己不要做"小人"，而非处处要求别人当"君子"。

所以，我们只需要做好自己的"求同存异"就好了，这样在与人的相处中就会和谐很多。

很多时候真情真相往往隐藏在事物的表面之下，不"求"可能就找不到共同立场，不"存"可能明天就得散伙。

如何提升运气：好运气是自己给的

晴天留人情，雨天好借伞

事物总是在不断地循环，如果我们帮助了别人，别人也一定会帮助我们！有时，我们就应该像小鸟一样，无意中带回的一粒种子，也许在多年以后，会长成一棵让自己在上面嬉戏的参天大树！

俗语有云："晴天留人情，雨天好借伞"。其实，很多时候，人生之所以美丽，关键就在于人性的美好，时刻保持着一颗助人为乐的心。同理，在生活中，若想拥有良好的人际关系，也必须养成助人为乐的好习惯，因为健康完美的人性，往往会让我们收获意想不到的财富！

我有一个朋友金女士，她的一次举手之劳，竟然拯救了自己的事业。金女士是一名著名家用品企业的老板，她的成功颇具传奇色彩，每当她回忆起创业之初的机缘，都会对自己旅途中的一件小事慨叹不已。

好人缘，才有好未来 第六章

20年前，金女士作为公司的职员去国外参加家用产品展览会，当时展览会上只有一家快餐店，因此，来参加展览的人午餐都要在那里自行解决。来看展览的人很多，金女士随便找了个位置就坐下了，但她刚一坐下，就有人用外语问道："我可以坐在这里吗？"

金女士抬头一看，是一位白发长者，正端着饭站在自己面前，看着这位老人，她连忙指着对面的座位说："请坐。"紧接着，她起身去拿刀叉、纸巾之类的东西，由于她担心老人找不到，便帮他也拿了一份。就这样，一顿快餐很快就吃完了，然而，当金女士起身正要走时，老人递过来一张名片，并对她说道："如果以后有需要，请与我联络。"

金小姐一看，原来这位老人是外国一家大公司的董事长！金女士当时也没在意，这件事就这样过去了。几年以后，金女士自己注册了一家小公司。很不幸的是，她的生意做了还不到一年，唯一的客户不再与她合作了，而这时，新的一年生产计划已经定好了，连样品也都全做好了，更何况这还是她唯一的客户！如果金女士找不到其他客户的话，她面临的不仅仅是倒闭，还有欠下的样品债务。

就在这个危难时刻，金女士忽然想起外国的那位老人，于是，她便抱着最后一丝希望，给老人写了一封信，首先询问老人是否还记得她，然后简单说明了自己当前的困境，最后，她说如果老人来中国的话，希望他能到她的公司看一看。随后，金女士便陷入了忐忑的等待之中。

在信发出一个星期后，金女士收到了回信，老人在回信中说会即日启程来中国。几天后，那位老人真的来了，并且还带来几位公司职员，这些职员拿出样品让金女士试着加工一下，在肯定了产品与质量后，老人当场签下了足够她做一年的订单。金女士惊喜地问道："在中国有很多大客户，而我这里只是一家小公司，您真的信得过我吗？"

老人说：当初你在那场家用品展览会上给我小小的帮助时，也没有想到会有这样的回报。其实，人心就像一本存折，只有打开来才知道到底有多少收益，而每一本存折，都是用一点一滴的善去慢慢积累的。

也许我们都会羡慕金女士的幸运，殊不知，她的幸运并不是偶然，而是必然，因为她一直都保持着一颗善良的心。只要我们能以一颗爱心经常去帮助别人、关心别人，那么，在将来的某个时刻，我们有可能会得到回报！要知道，我们的每一份付出，都能赢得一个好的人缘，每一个好人缘都能给我们带来一个泉水之眼，那将是无穷无尽的回馈！

第 7 章

好身体
才能承受好运气

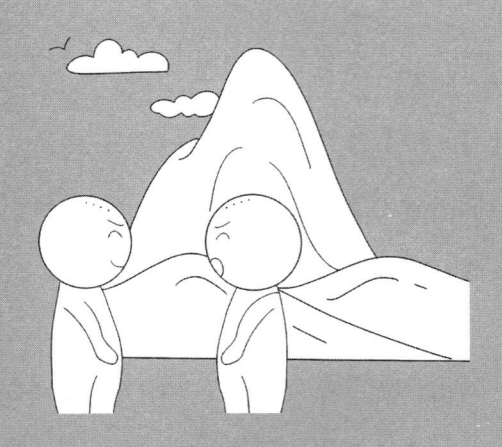

人有了好的运气，还要有一个好的身体去承载。身体是 1，财富名利地位这些都是后面的 0，没有了前面的 1，后面的 0 再多，到头来也终是一场空。

如何提升 运气：好运气是自己给的

春分，养养你的运气

春分这天正好昼夜平分，阴阳各半，此时的节气特点是阴阳平衡，故养生也要顺应节气特点，在饮食上以清淡为主，宜甘少酸；在心态上要讲求平和，以和为贵，以平为期。

春分是二十四节气中的第四个节气，《月令七十二候集解》中说："二月中，分者半也，此当九十日之半，故谓之分。"此时，阳在正东，阴在正西，昼夜平分，冷热均衡，所以春分也是一年中养生最好的节气。

天地间阴阳二气的消长，自然会影响到万物的阴阳气场，人的气场、运势也自然会发生波动，这个时间节点，其实也是调整运气的好时候。

如何调整？各地在春分这天都有不同的习俗。

立蛋

在4000年前,华夏先民就开始以此庆贺春天的来临,"春分到,蛋儿俏"的说法流传至今。关于立蛋,民间还有一句谚语:"上头光,下头圆,顶天立地保平安。"

在这一天,大家都会打开住宅门窗,通风半小时左右,吐故纳新。然后取一些煮熟的鸡蛋,面朝东方坐,将鸡蛋竖立于桌面。最后就是美好的祝愿,希望夫妻关系和睦,夫妻俩同食一枚鸡蛋,男的吃蛋黄,女的吃蛋白。

其实习俗这种东西,不仅表达了人们对美好生活的祝愿,也存有一定的生活智慧。就立蛋这个习俗来说,之所以说它可以调整运气,是因为我们在做的过程中,可以和家人、朋友一起,过程一定是欢乐和谐的,包括后面夫妻二人同吃一个鸡蛋,这些都可以起到一个促进感情的作用,感情上升了,你的心情就会好,心情好,能量就强,能量强,运气自然也会提升。

吃春菜

除了立蛋,还有一个习俗叫"春分吃春菜",春菜是一种统称,包括很多蔬菜和野菜,春分这天,农村人都会去地里和田野里采摘,嫩绿的叶子鲜嫩营养,人们将它和鱼片一同滚汤，称为"春汤"，老人们常说：春汤春汤，洗肚洗肠；一人一碗，平安健康。古人认为在春分时节吃春菜，有养生与开运的效果。多吃蔬菜对人的身体有好处，身体好了，做事自然也有力气了，那运气是不是也会提升了呢？这样的习俗倒是可以遵循一下，就当是讨个好兆头。另外，春季肝气旺、脾气弱，脾虚易致疲乏、四肢无力等。此时当多吃甘平补脾之食物，如牛奶、豆制品等；多吃时令蔬菜，如豆芽、莴苣、黄花菜等，可增强人体脾胃之气。

《道德经》有云："万物负阴而抱阳，冲气以为和。"这个"冲气"，说的就是春分的"中气"，意思是天地间阴阳二气在对冲之中形成的畅达之气。我们平时常说的"中气十足"，其实就是这个意思。那如何才能让自己有"中气"呢？

天地有阴阳，人间事同样也有阴阳，好的坏的，在我们心中时刻对冲，我们要做的就是保持心性的平衡，不过分依赖好的，也不过分忧虑坏的。如果你现在生活很好，衣食无忧，那就可以多帮助一些困苦之人，如果你苦难万分，那就多想想好的事情……这是一个平衡自身能量的过程。

调摄情志，远离亚健康

情志是人在智、情、意、行方面的精神状态，人的情志、状态如何，可以决定人体整个机体的平衡和失调。精、气、神是健康长寿的内在因素，养精、爱气、惜神，则精力充沛，身体康健。

良好的精神状态，才能够保持和促进脏腑气机调畅，气血和调；反之，不良的情绪、强烈的精神刺激，不仅影响内脏的气机与气血运行，更会导致亚健康状态或引起多种疾病。

中医认为，要想有一个健康的身体，首先要养神。《黄帝内经》里也说道："得神者昌，失神者亡""精神内伤，身必败亡"。所以，中医养生学强调形神共养，我们不仅要注意形体的保养，更要注意精神的调摄，从而使得形体健康、精神矍铄，形体和精神协调平衡，就可以预防疾病，延年益寿。

养神在养生保健中占有主导地位。心神为五脏六腑之统帅，是身体的主宰，所以养心调神是情志舒畅的首要因素。经过历代中医不断地实践，总结出了养神六法，下面就教给大家，从而达到养心调神的养生目的。

喜怒要平和

古代养生家说："和喜怒"乃智者养生之道。我们要善于控制自己的感情，要驾驭感情而不是被感情所操纵。每个人都会有勃然大怒或者是欣喜若狂的时刻，但切记不要过于激烈地表达自己的情绪，我们可以自我提醒或是自我暗示，让愤怒或是高兴用平和的情绪表达出来。

心境要放宽

人生之不如意，十有八九。所以，我们应该正确地对待生活中遇到的各种问题，不因为无端的琐事焦躁忧虑，也不要因为一时的得失郁郁寡欢。放眼望去，历史上因为某些原因而心事重重最终去世的人，比比皆是。由此可见，生命的进程与心情好坏有着密切的关系。

四时要应对

《黄帝内经》中说:"夫四时阴阳者,万物之根本也。"人的七情变化与季节的交替同样有密切的联系。秋高气爽之时,人的精神也会舒畅;冬天寒风凛冽,心情就会变得压抑;夏天烈日炎炎,人的状态就会变得浮躁。所以,我们也要随着季节的变化来采取相应的措施调节我们的心情。天气好的时候就多出去走走,欣赏花鸟蝉鸣;天气不好的时候就约上几个亲朋好友,一起饮茶畅谈。

养性要重视

养性就是指道德的修养,比如理想、情操、精神生活等。一个人如果有了远大的理想,那么因此所形成的精神情绪可以使他战胜一切不良的精神情绪,从而忘却痛苦,常乐于生活。

思想要清静

思想清净,那么心神自然就安详,机体的生理功能也会随之正常,抗病力就会增强,不会患病。如果心境烦躁不安,则会耗费精神,催人衰老并且易染疾病。

惊恐要避免

要尽量避免惊恐而带来的紧张情绪。惊恐的心理会让机体逆乱,从而影响生理功能。平日里,我们应该有意识地锻炼自己的胆识,以培养一种坚强的意志。

古人言:"养生之法,静坐第一,观书第二,看山水花木第三,与良友讲论第四,教子弟第五。"现代人也可以学习一下古人的养神之法,静坐、读书、益友畅谈、小酌一杯,也很精彩啊。

养生重在调养身心,形神共养,使身体处于一个平和的状态。只有这样才能摆脱身体的亚健康状态,使形神协调平衡,达到养生的目的。

人体与天地的阴阳和谐

阴阳，是天地的根本，也是人体生命的起因和内容。阴阳两种力量的不断更替，促成了生命的延续与再生。天地是一个大的宇宙，人体以及每一个生命个体都是其中的小宇宙。生命的运行，需要完全依赖于宇宙的存在与正常运转。

每一个生命，只有遵从天地的变化，顺应天时，才能够确保生存的安全与健康。与天地同呼吸、共步伐，达到天人合一，才是生存的最高境界。

《周易·系辞》中说道："一阴一阳之谓道。"《易经》强调万事万物的运动都是阴阳运动，包括我们的生命及生命活动。《易经》所说的"天地氤氲，万物化醇"，就是说在那个混沌开始的时候，一片氤氲元气逐渐划分为阴阳之气，阴阳合德，刚柔有体。人体的生命也是由于阴阳运动、气化所产生的。

凡是向阳光的、外向的、明亮的、上升的、温热的都属于阳；凡是背阳光的、内守的、晦暗的、下降的、寒凉的，都是阴。我们人体也一样，头为阳、脚为阴，体表为阳、内脏为阴，六腑为阳、五脏为阴，气为阳、血为阴。也就是说阴阳之中又分阴阳，万事万物都是阴阳的运动，尤其我们的生活中也是阴阳的运动。

阴阳运动不停地保持着平衡，太极图就是阴阳平衡的缩影。太极图由阴鱼和阳鱼组成，表示阴阳双方是在不停地消长转化着，阳长阴消、阴长阳消，阳极则阴、阴极则阳。所以，阴阳平衡就是阴阳合抱，它体现的就是一个立体的阴阳平衡图。这太极图为什么不用一个直线一分两半，而用一条 S 线。这个 S 线就表明阴阳的平衡是一种动态的平衡，是一种处在阴阳消长转化当中的平衡。这种平衡表现在大自然上，就是阴阳气化的平衡，如果表现在人体上，就是阳气和阴精的平衡。

众所周知，大自然中的所有物质均有阴阳属性。从天人相应、相感的科学角度来看，人体的构成和大自然中的物质构成一样，即大自然中有什么，人体内就有什么。天地有阴阳，人体也有阴阳。在天地，天为阳、地为阴，日为阳、月为阴，外为阳、内为阴，升为阳、降为阴，进为阳、退为阴。在人体，上为阳、下为阴，左为阳、右为阴，背为阳、腹为阴，动为阳、静为阴。

当人体内部阴阳失衡时，用大自然中的有关物质来调理人体内的阴阳平衡，这就是中医治病的基本规律即调理阴阳平衡。人体的阴阳变化与自然四时阴阳变化协调一致，同时能保持机体与其内外环境之间的阴阳平衡，就能增进身体健康，预防疾病的发生，进而达到延年益寿的目的。中医学主张"治未病"的观点，旨在培养人体正气，提高抗病能力，防止病邪侵害。所谓"正气存内，邪不可干；邪之所凑，其气必虚"，就是这个道理。

阴阳平衡所涉及的面是广泛的。就是说，人要达到健康长寿的状态，身体和心理应保持好各种平衡，如心理平衡、代谢平衡、营养平衡、机体平衡、动静平衡等。如果这些方面处于相对平衡状态，就可以说人的身体健康状况和情绪是良好的；如果在某一方面或某些方面出现了严重的失衡，就会导致某些疾病的发生，或机体处于虚弱不健康状态。如果人体长期处于疾病之中而不能及时康复，或长期处于虚弱不健康状态，那么，长寿、欢度晚年只能是纸上谈兵。

如果身体阴阳平衡，那么这个人一定是气血充足、精力充沛、五脏安康。如果人的面容红润明亮，则五脏一定是安康的。由内至外的这种美，才是真正的美容，才是人体健康的自然美，它胜过任何一种化妆品。

人体的阴阳如果平衡，就会表现得富有生命活力，生理本能也很好，心理承受力高，能吃能睡，气色好，心情愉快精神好，他的五脏阴阳是平衡的。阳气和阴精平衡，应急能力就强，对不良的情况适应能力就好，抵抗一般疾病的能力也强。所以，人体阴阳平衡是非常重要的。

养生长寿,从早上起床开始

一日之计在于晨,早晨起床后是养生保健的黄金期,开启美好的一天从起床后的几件小事开始。

《黄帝内经》中提道:法于阴阳,和于术数,食饮有节,起居有常,不妄作劳。这句话的意思是:长寿善终的得道高人,懂得天地之间运行的道理是阴阳谐和的,每个人的命运是有定数的,所以行事都不和天地的正常运行相违背,这样就能让肉体与精神协调一致,而终其天年。

起床也是一样,要顺应自然法则,才能一整天都精力充沛。因为人是自然界的产物,"以自然之道,养自然之生",这才是养生的最高智慧。真正的养生,就是要让健康的生活方式成为生活和生命的一部分,如此一来养生就成了一件顺势而为的事情。

一日之计在于晨,顺应天道的养生就从正确的"起床姿势"开始。

晨起赖床三分钟

有些人习惯早上闹钟一响，就直接从床上起来，起床过猛非常伤身体。如果一个人长期地仓促起床，会带来一系列神经或心理的问题，比如被坏情绪控制、冲动易怒、心境低落、反应迟缓、注意力涣散……

正确的方法是先在床上躺几分钟，等五脏慢慢苏醒。

为什么要等五脏苏醒呢？

中医认为，五脏者，藏精气而不泄。意思是我们的五脏包含着全身的精气，不宜外泄。五脏是我们生命活动的核心，是人体生命的根本，当五脏被唤醒，我们的身体也随之被叫醒，然后再将体内的气血和精气传递到身体的其他角落，这样一来，身体的各个器官也就苏醒了。所以说，每天醒来的第一件事，就是要先唤醒我们的五脏。

你可以先躺在床上伸个懒腰，舒展一下身体，用一些缓慢的动作把你的五脏六腑都唤醒，也让正在"休息"的肌肉和血液慢慢"清醒"，然后再坐起来。坐起来以后，不要急着下床，要让你的全身特别是大脑先适应适应，你可以趁这个时候在床上打坐片刻，让身心都放松下来。

如果真的没有时间打坐,那也尽量不要"嗖"地一下就起来,因为早上刚睡醒,大脑供血是不足的,身体还没有适应工作状态,就会特别容易出现头晕、心慌、四肢乏力等现象。特别是有心血管疾病的人,清晨是心血管疾病的"黑色时间",人的心血管壁在清晨的时候最为脆弱,对患有高血压、冠心病、动脉硬化的中老年人而言,由于睡觉的时候血压下降、心跳减慢,突然起床非常容易发生意外。

晨起捏耳朵

如果经常熬夜、失眠,睡眠质量不好,早上醒来后可以慢慢坐起来,捏两下自己的耳朵,然后分别用手掌按紧两只耳朵(就像平时用双手捂住耳朵一样),这个时候,手指自然就放到了后脑勺的位置,再用中间三指(食指、中指、无名指)轻敲后脑勺 15 次,然后保持双手捂耳、手指按住后脑勺的姿势 5 秒钟,再突然抬离。

这样重复做几次,有快速醒神、增强记忆的作用,对高血压病人而言,还有舒张血管、降血压的功效。

起身十分钟后再如厕

如果我问大家,早上起来你会立即去厕所吗?我想有一半的人都是肯定的答案。

但其实这也是不对的，因为睡眠时人体代谢水平降低、心跳减慢、血压下降，各项生理机能都运转缓慢，此时突然下地去厕所，膀胱迅速排空，特别容易诱发低血压，引起大脑短暂性供血不足，导致排尿性晕厥。

所以大家早上起来，一定要先等个十几分钟，把前面的事情都做好了，再去厕所。

《易经》有云：慢则止，止则定，定生慧，动静有度，进退有常。这说的其实就是一个自然的生活习惯和行为方式，而我们要逐渐地培养符合自然的生活习惯和思维方式，长期这样做，我们的身体就会越来越健康。

未来的日子，更多的是拼身体、拼健康，所以我们做每件事情都要有意识地考虑符不符合健康之道，渐渐地这种意识会形成习惯，时间长了，自然对身体大有好处。

天人合一是养生的最高境界

天人合一的养生就是主动将日常生活中的行为和精神情志活动，与自然环境、社会环境融为一体，这也是《黄帝内经》中所谓养生的最高境界。

《黄帝内经》强调天人一体的整体观。自然界是一个整体，人体也是一个整体，人与自然宇宙同样是一个整体，这是天人相应的理论基础，表达了人与自然宇宙的统一性。

"法于阴阳"是《黄帝内经》中的养生理论，是天人合一理论在养生中的体现，它要求人与自然环境要和谐相处，要顺应自然界的阴阳变化规律，并以此来调节人体阴阳，这在几千年的养生理论中具有重要的价值和地位。

《黄帝内经》中说："人以天地之气生，四时之法成。"人类是根据大自然的运行规律生育成长的。"人与天地相参（相互参证）也，与日月相应。"中医认为人体是一个复杂的系统，人体的诸器官及其功能与大自然是一一对应的关系，并始终处于动态的联系之中，人体就是一个小宇宙。人体中所包含的那些与宇宙自然功能相近、物质相似的东西，是与自然界中的同类事物相通的。

养生就要顺应阴阳，根据一年四季的变化调整养生的方法，《素问·四气调神大论》中就提出四季养生的基本原则："春夏养阳，秋冬养阴。"顺时调神，是中医养生保健的一大特点，它强调必须顺应时令之气来调养精神。四时调神，古代医家遵循春生、夏长、秋收、冬藏的规律，但也相当灵活，总体上以获得心神畅快为度。

此外，顺应阴阳还应遵循一天中的阴阳变化规律，因为一天也相当于一个小四季。《黄帝内经·素问》中描述了一天中阴阳之气的变化规律：早晨阳气生，中午阳气足，晚上阳气衰。

《黄帝内经·灵枢·本神》中还提出"安居处"的要求："智者之养生也，必顺四时而适寒暑，和喜怒而安居处，节阴阳而调刚柔。如是，则僻邪不至，长生久视。"它从不同的角度提出了人与自然和谐相处的要求，强调了人不仅应该安住在和谐的自然环境和社会环境，而且要安住于自己的内心。

古代养生学认为,居处一定要小,这样有利于养气。古时皇帝虽然坐拥天下,但卧房也不过九尺,而且床的四周还有帷帐,其目的就是使阳气聚集,以利养生。传统养生学很重视居住环境同人的身心健康的关系,主张择地居住,除自然环境、卫生条件外,也很注意居室陈设和人际关系的和谐。

天人合一是中医理论的重要组成部分,是实现健康和幸福的重要途径。通过调节饮食和生活习惯,给予自我保健,能够起到很好的健康效果。因此,我们应该积极地实践中医文化,调节身体和心理的健康状态,从而实现天人合一,达到健康、幸福、长寿的目的。

人和自然是一个统一的有机整体。天人合一是古代的哲学观点,人也应当效法天地,就是要取法于四时,取法于自然和自然界的阴阳变化,适应这个规律,人体才能健康。

如何提升运气：好运气是自己给的

养身要动，养神要静

古人云："天下之万理，出于一动一静"。就养生来讲，"动"与"静"两者无优劣之分，也不矛盾，而是对立统一的有机整体。要想获得良好的养生效果，必须动静结合。中医认为，人体是由"形"和"神"构成的，动能生阳，静能生阴，所以养身要动，养心要静。

按照《周易》的阴阳原理，动能生阳，而静则生阴。生命在于运动，也在于静养。动以养形，静以养神，阴阳平衡，才是养生之大法、延年益寿的关键！

养身要动。运动养形是中国传统养生文化中的重要内容之一，它为现在流行的体操、跑步等体育健身运动提供了理论依据。动包括走动、活动、运动、劳动等，以动而不疲、持之以恒为原则。就像人们常说的"一身动，气血通"，运动可以使肢体矫健、气血流畅，更能加强脏器功能,促进机体平衡,以达到健康长寿的目的。

运动养形,强调适量运动,并持之以恒。不提倡剧烈的运动,因为剧烈的运动会引起血管扩张、呼吸急促、心跳加快、大汗淋漓,造成气血运行失控,对养生有害无益。所以大医学家孙思邈指出:"养生之道,常欲小劳,但莫大疲及强所不能堪耳。"

中国传统的运动养生,实质上是外动而内静的运动方法,最大的特点是意识活动、呼吸运动和躯体运动密切配合,即所谓"意守、调息、动形"的统一,以内练精神、中练气血、外练筋骨,使内外表里、气血形神在有序运动中得到修整,比如大家熟知的五禽戏、太极拳、八段锦等。各人可根据自己的健康状况量力而行,最重要的是采用最安全的运动方式,坚持下来,必将对健康大有裨益。

养神要静。清静养神强调要安定心灵,减少妄想,从而精神内守,气血通畅,疾病就不会产生。正如老子《道德经》中所说:"平易恬淡,则忧患不能入,邪气不能袭,故其德全而神不亏。"此外,要情志舒畅、心胸豁达,不宜有愤怒心情。《孙真人卫生歌》中的"世人欲识卫生道,喜乐有常嗔怒少,心诚意正思虑除,顺理修身去烦恼",说的就是这个道理。应该顺应自然,根据四季不同气候进行调神。春季应该精神活泼，充满生机；夏季应该情志愉快，避免发怒；秋季应该意志安逸，收敛神气；冬季应该情志隐匿，藏而不泄。精神情志的稳定，直接关系到气血的畅达和阴阳的协调。

清静养神强调人要保持生理和心理的平衡，即《内经》所谓"和喜怒，养心神"，只有做到"外不劳形于事，内无思想之患，以恬愉为务，以自得为功，形体不敝，精神不散"，才能排除七情对机体气血的干扰，使气血始终保持流畅和平衡。当人的身心沉静时，腑器、皮肤、心血管、神经等系统都处于松弛状态，机体的气血调和、经脉流通，脏腑功能活动有序，证实了清静养神的目的也在于调畅气血。

人体运动须有常有节，动静结合，形劳不倦，方能有益于健康。正如《内经·上古天真论》所云："其知道者，法于阴阳，和于术数，食饮有节，起居有常，不妄作劳，故能形与神俱，而尽终其天年，度百岁乃去。"

京读